普通高等教育材料类专业规划教材

○ 主编 韩哲文

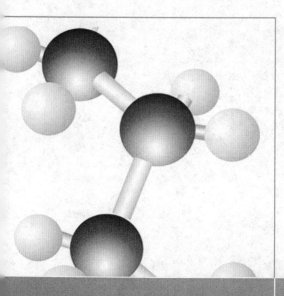

高分子科学实验

GAOFENZI KEXUE SHIYAN

华东理工大学出版社
EAST CHINA UNIVERSITY OF SCIENCE AND TECHNOLOGY PRESS

内 容 提 要

本书是配合高分子科学(包括高分子化学、高分子物理和高分子材料成型加工等)课程教学的实验用书。本书是根据教育部高等学校高分子材料与工程教学指导分委员会制订的专业规范要求而编写。全书包括四部分,其中高分子化学实验12个,高分子物理实验12个,高分子材料工程实验11个,综合和设计实验4个,合计共39个实验。本书突出的特点是实用,为减轻学生负担和便于教师批阅,每个实验后均附有设计简洁明晰的"实验记录与报告"。

本书可作为理工科院校高分子学科各专业的基础高分子科学实验教材。各学校可视教学时间长短、学生学习的程度以及实验设备的条件自行酌量删减。

前　言

本书是大专院校高分子专业本科生实验用书，是根据教育部高等学校高分子材料与工程专业教学指导分委员会制定的专业规范要求编写的，主要配合高分子科学，包括高分子化学、高分子物理和高分子材料成型加工课程的教学。使学生通过实验操作来了解高分子化合物的制备、结构表征、物性测定以及高分子材料成型加工原理及工艺，加强学生对高分子科学基础知识的理解，提高学生的高分子专业实验技术。

本书为促进学生对实验研究的兴趣以及活用科学原理的能力，实验中所引用的相关知识和原理均详加论述，对实验的操作步骤与技巧亦有详细的叙述，实验应注意事项均有注解提示。排版宽松合理，适合学生阅读和标注。其特点是实用，每个实验后附有实验记录与报告，设计简洁明晰，便于书写和总结，减轻学生负担。同时加深学生对实验内容的了解，提高学习效率，并且便于教师的批阅。

本书包括常规的实验项目，并增加较有趣味、时间较短且简单易行的实验，同时新增了综合实验和设计实验两部分。综合实验是模拟高分子材料生产全过程的实验，学生可以在高分子合成、物性表征、材料加工各个环节上亲自动手，体验和真正理解理论课程所讲的高分子化学、高分子物理以及高分子材料成型加工的知识；设计实验是给学生一个机会，能自己进行实验设计、实验实施、观察和总结。各学校可视教学学时之长短、学生学习的程度，以及实验设备的条件等，自行酌量删减或增加。

本书题材之取舍、难易程度的选择、章节之顺序等均由几位老师根据多年的实验教学经验及学习各种版本的参考书，经过了慎重斟酌和苦心安排，力求能使学生循序渐进，充分理解。本教材由韩哲文教授主编，第一部分（实验01～12），第四部分（综合设计实验36～38）由李欣欣博士、庄启昕博士撰写；第二部分（实验13～24）由徐世爱教授、张德震副教授、郭卫红副教授撰写；第三部分（实验25～33）由唐颂超教授撰写；实验34和实验35由王婷兰讲师撰写。全书由韩哲文教授统稿。

限于编者的水平，在编写过程中，难免会出现错误，仍希望同行专家及使用本书的老师和学生随时给予建议和指正，以便改进，不胜感谢之至。

作者

2004 年 12 月

目录

第一部分　高分子化学实验 ·· (1)
　实验 01　苯乙烯自由基悬浮聚合 ··· (3)
　实验 02　聚醋酸乙烯酯的溶液聚合与聚乙烯醇的制备 ······················· (7)
　实验 03　醋酸乙烯酯的乳液聚合 ··· (11)
　实验 04　甲基丙烯酸甲酯本体聚合制有机玻璃板 ···························· (15)
　实验 05　膨胀计法测定甲基丙烯酸甲酯本体聚合反应速率 ················· (19)
　实验 06　界面缩聚法制备尼龙-66 ·· (23)
　实验 07　聚己二酸乙二酯的制备 ··· (27)
　实验 08　苯乙烯的正离子聚合 ·· (31)
　实验 09　甲基丙烯酸丁酯的原子转移自由基聚合 ···························· (35)
　实验 10　聚乙烯醇缩甲醛的制备 ··· (39)
　实验 11　苯乙烯-顺丁烯二酸酐的交替共聚 ·································· (43)
　实验 12　甲基丙烯酸甲酯对纤维素的接枝聚合 ······························· (47)

第二部分　高分子物理实验 ·· (53)
　实验 13　粘度法测定聚合物的粘均相对分子质量 ···························· (55)
　实验 14　聚合物溶液粘度的测定 ··· (63)
　实验 15　落球法测聚合物熔体零切粘度 ······································ (69)
　实验 16　凝胶渗透色谱演示 ··· (73)
　实验 17　溶胀法测定交联聚合物的溶度参数和交联度 ······················· (81)
　实验 18　聚合物薄膜透气性的测定 ··· (89)
　实验 19　差示扫描量热法 ··· (97)
　实验 20　聚合物温度-形变曲线的测定 ······································· (103)
　实验 21　偏光显微镜法观察聚合物球晶形态 ································· (109)
　实验 22　光学解偏振光法测定聚合物的结晶速率 ···························· (115)
　实验 23　密度法测定聚合物结晶度 ··· (119)
　实验 24　用计算机模拟 PP、PE 大分子的性质 ······························ (123)

第三部分　高分子材料成型加工实验 ·· (131)
　实验 25　热塑性塑料熔体流动速率的测定 ··································· (133)
　实验 26　热塑性塑料注射成型 ·· (139)
　实验 27　橡胶制品的成型加工 ·· (147)

实验 28 橡胶硫化特性实验 …………………………………………………………… (159)
实验 29 硬聚氯乙烯的成型加工 …………………………………………………… (165)
实验 30 塑料薄膜吹塑实验 ………………………………………………………… (175)
实验 31 塑料管材挤出成型实验 …………………………………………………… (183)
实验 32 塑料板材挤出实验 ………………………………………………………… (191)
实验 33 聚合物加工流变性能测试 ………………………………………………… (197)
实验 34 聚合物拉伸性能测试 ……………………………………………………… (203)
实验 35 聚合物冲击性能测试 ……………………………………………………… (211)

第四部分 综合和设计实验 …………………………………………………………… (221)

实验 36 甲基丙烯酸甲酯聚合物的综合实验 ……………………………………… (223)
   实验 36-1 单体甲基丙烯酸甲酯精制 ………………………………………… (223)
   实验 36-2 偶氮二异丁腈的精制 ……………………………………………… (227)
   实验 36-3 本体聚合及成型 …………………………………………………… (231)
   实验 36-4 粘度法测定相对分子质量 ………………………………………… (233)
   实验 36-5 温度—形变曲线的测定 …………………………………………… (235)
实验 37 丙烯酸酯乳液压敏胶制备的综合实验 …………………………………… (237)
   实验 37-1 过硫酸胺的精制 …………………………………………………… (237)
   实验 37-2 单体丙烯酸丁酯的精制 …………………………………………… (241)
   实验 37-3 乳液压敏胶的制备 ………………………………………………… (245)
   实验 37-4 压敏胶性能测试 …………………………………………………… (251)
实验 38 丙烯酸酯类乳胶漆制备的实验设计 ……………………………………… (255)
实验 39 高分子合金制备的实验设计 ……………………………………………… (259)

第一部分

高分子化学实验

第一部分

向外工作之失敗

实验 01

苯乙烯自由基悬浮聚合

一、实验目的

(1) 通过对苯乙烯单体的悬浮聚合实验,了解自由基悬浮聚合的方法和配方中各组分的作用;
(2) 学习悬浮聚合的操作方法;
(3) 通过对聚合物颗粒均匀性和大小的控制,了解分散剂、升温速度、搅拌形式与搅拌速度对悬浮聚合的重要性。

二、实验原理

悬浮聚合实质上是借助于较强烈的搅拌和悬浮剂的作用,通常是将不溶于水的单体分散在介质水中,利用机械搅拌,将单体打散成直径为 0.01~5 mm 的小液滴的形式进行本体聚合。在每个小液滴内,单体的聚合过程和机理与本体聚合相似。悬浮聚合解决了本体聚合中不易散热的问题,产物容易分离,清洗可以得到纯度较高的颗粒状聚合物。

其主要组分有四种:单体、分散介质(水)、悬浮剂、引发剂。

1. 单体

单体不溶于水,如:苯乙烯(styrene)、醋酸乙烯酯(vinyl acetate)、甲基丙烯酸酯(methyl methacrylate)等。

2. 分散介质

分散介质大多为水,作为热传导介质。

3. 悬浮剂

调节聚合体系的表面张力、粘度、避免单体液滴在水相中粘结。
(1) 水溶性高分子,如天然物:明胶(gelatin),淀粉(starch);合成物:聚乙烯醇(PVA)等。
(2) 难溶性无机物,如:$BaSO_4$,$BaCO_3$,$CaCO_3$,滑石粉,粘土等。
(3) 可溶性电介质:NaCl,KCl,Na_2SO_4 等。

4. 引发剂

主要为油溶性引发剂,如:过氧化二苯甲酰(benzoyl peroxide,BPO),偶氮二异丁腈(azobisisobutyronitrile,AIBN)等。

三、主要仪器和试剂

1. 实验仪器:

三口瓶(250mL)×1,球形冷凝管×1,电热锅×1,搅拌马达与搅拌棒×1,温度计

(100℃)×1,量筒(100mL)×1,锥形瓶(100mL)×1,布氏漏斗×1和抽滤瓶×1。

2. 实验试剂

苯乙烯单体,过氧化二苯甲酰(BPO),聚乙烯醇(PVA),去离子水。

四、实验步骤

(1) 架好带有冷凝管、温度计、三口烧瓶的搅拌装置,如图1-1所示;

(2) 分别将0.3g BPO和16mL苯乙烯加入100mL锥形瓶中,轻轻摇动至溶解后加入250mL三口烧瓶中;

(3) 再将7~8 mL 0.3% PVA溶液和130mL去离子水冲洗锥形瓶及量筒后加入250mL三口烧瓶中开始搅拌和加热;

(4) 在半小时内,将温度慢慢加热至85℃~90℃,并保持此温度聚合反应2h后,用吸管吸少量反应液于含冷水的表面皿中观察,若聚合物颗粒变硬可结束反应;

(5) 将反应液冷却至室温后,过滤分离,反复水洗后,用50℃以下的温风干燥后,称重。

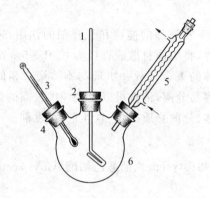

图1-1 通用聚合装置图

1—搅拌器;2—四氟密封塞;3—温度计;4—温度计套管;

5—球形冷凝管;6—250mL三口烧瓶

五、注意事项

(1) 除苯乙烯外,其他可进行悬浮聚合的单体,还有氯乙烯(vinyl chloride),甲基丙烯酸甲酯(MMA),醋酸乙烯酯(VAc)等;

(2) 搅拌太激烈时,易生成砂粒状聚合物;搅拌太慢时,易产生结块,附着在反应器内壁或搅拌棒上;

(3) PVA难溶于水,必须待PVA完全溶解后,才可以开始加热;

(4) 称量BPO采用塑料匙或竹匙,避免使用金属匙;

(5) 是否能获得均匀的细珠状聚合物与搅拌速度的确定有密切的关系。聚合过程中,不宜随意改变搅拌速度。

实验01 实验记录及报告

苯乙烯自由基悬浮聚合

班　级：_____　姓　名：_____　学　号：_____

同组实验者：_____　_____　_____　实验日期：_____

指导教师签字：_____　　　　　　　　评　分：_____

（实验过程中，认真记录并填写本实验数据，实验结束后，送交指导教师签字）

一、实验数据记录

苯乙烯单体质量：_____ g；　　水的用量：_____ mL；

过氧化二苯甲酰质量：_____ g；　　聚乙烯醇质量：_____ g；

聚合时间：_____ h；　　　　　聚合温度：_____ ℃；

聚合物质量：_____ g；　　　　产　　率：_____ %。

二、实验过程记录

三、讨论与问题

1. 影响粒径大小的因素有哪些？

2. 搅拌速度的大小和变化,对粒径的影响如何?

实验 02

聚醋酸乙烯酯的溶液聚合与聚乙烯醇的制备

一、实验目的

(1) 通过本实验掌握聚醋酸乙烯酯 PVAc 溶液聚合方法；
(2) 了解聚醋酸乙烯酯制备聚乙烯醇（PVA）方法；
(3) 通过高分子转化反应了解溶液聚合、高分子侧基反应原理及醇解度测定方法。

二、实验原理

本实验采用自由基溶液聚合反应。之所以选用乙醇作溶剂，是由于 PVAc 能溶于乙醇，而且聚合反应中活性链对乙醇的链转移常数较小。而且在醇解制取 PVA 时，加入催化剂后在乙醇中经侧基转化反应即可直接进行醇解。

PVAc 的醇解反应可以在酸性或碱性催化下进行，目前工业上都采用碱性醇解法。

乙醇中过量的水对醇解反应会产生阻碍作用，因为水的存在使反应体系内产生 CH_3COONa，消耗了 NaOH，而 NaOH 在此是用作催化剂的，因此要严格控制乙醇中水的含量。

三、主要仪器和试剂

1. 实验仪器

250mL 三口瓶一个，回流冷凝管一个，搅拌器一个，100mL 滴液漏斗一个。

2. 实验试剂

醋酸乙烯酯，氢氧化钠（NaOH），乙醇，偶氮二异丁腈（AIBN）。

四、实验步骤

(1) 聚醋酸乙烯酯（PVAc）的制备：如图 1-1 搭好装置，在 250mL 三口烧瓶中加入 20g 乙醇、40g 醋酸乙烯酯和 0.05g 偶氮二异丁腈，开始搅拌。当偶氮二异丁腈完全溶解后，升温至 (60±2)℃，在此温度下反应 3h，加入 40g 乙醇，起稀释作用，下一步参加醇解反应。

(2) 将大部分聚合物溶液倒入回收瓶中，反应瓶内留下约 15g。用 15mL 乙醇将瓶口处的溶液冲净。

(3) 醇解反应：如图 2-1 改装好装置，在反应瓶中加入 85mL 乙醇。开动搅拌，使聚合物混合均匀后，在 25℃ 下慢慢滴加 5% 的氢氧化钠/乙醇溶液 2.8mL（约 2 秒/滴）。仔细观察反应体系，约 1~1.5h 发生相转变。这时再滴加 1.2mL 的氢氧化钠/乙醇溶液，继续反应 1h，用布氏漏斗抽滤，所得聚醋酸乙烯酯（PVA）为白色沉淀，分别用 15mL 乙醇洗涤 3 次。产物放在表面皿上，捣碎并尽量散开，自然干燥后放入真空烘箱中,在50℃下干燥1h,再称重。

五、注意事项

为避免醇解过程中出现冻胶甚至产物结块,添加催化剂的速度要慢,并分两次加入。如反应过程中发现可能出现冻胶时,应加快搅拌速度,并适当补加一些乙醇。

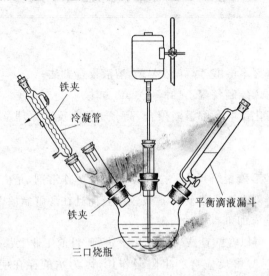

图2-1 聚醋酸乙烯酯醇解装置

实验02 实验记录及报告

聚醋酸乙烯酯的溶液聚合与聚乙烯醇的制备

班　级：_____　姓　名：_____　学　号：_____

同组实验者：_____　_____　_____　实验日期：_____

指导教师签字：_____　　　　　　　　　　　评　分：_____

（实验过程中，认真记录并填写本实验数据，实验结束后，送交指导教师签字）

一、实验数据记录

空三口瓶质量：_____ g；
聚醋酸乙烯酯质量：_____ g；
第一次乙醇的用量：_____ mL；
第二次醇解乙醇的用量：_____ mL；
AIBN 的用量：_____ g；
聚 合 时 间：_____ h；
聚 合 温 度：_____ ℃；
装有聚醋酸乙烯酯聚合物的三口瓶质量：_____ g；
氢氧化钠/乙醇溶液的用量：_____ g；
聚合物质量：_____ g；
产　　率：_____ %。

二、实验过程记录

三、讨论与问题

1. 聚合过程中,哪些因素会导致聚合物支化度的增加?

2. 降低反应温度及反应物浓度,可减少支化的发生,但聚合速度减慢,应如何设计工艺条件,使之既可保证产品质量又能取得较快的聚合速率?

实验 03

醋酸乙烯酯的乳液聚合

一、实验目的

(1) 学习与掌握乳液聚合方法,制备聚醋酸乙烯酯乳液;
(2) 了解乳液聚合机理及乳液聚合中各个组分的作用。

二、实验原理

乳液聚合是以水为分散介质,单体在乳化剂的作用下分散,并使用水溶性的引发剂引发单体聚合的方法,所生成的聚合物以微细的粒子状分散在水中呈白色乳液状。

乳化剂的选择对乳液聚合的稳定十分重要,起降低溶液表面张力的作用,使单体容易分散成小液滴,并在乳胶粒表面形成保护层,防止乳胶粒凝聚。常见的乳化剂分为阴离子型、阳离子型和非离子型三种。一般多将离子型和非离子型乳化剂配合使用。

市场上的"白乳胶"就是乳液聚合方法制备的聚醋酸乙烯酯乳液。乳液聚合通常在装有回流冷凝管的搅拌反应器中进行(如图 3-1 所示):加入乳化剂、引发剂水溶液和单体后,一边进行搅拌,一边加热便可制得乳液。乳液聚合温度一般控制在 70℃~90℃之间,pH 值在 2~6 之间。由于醋酸乙烯酯聚合反应放热较大,反应温度上升显著,一次投料法要想获得高浓度的稳定乳液比较困难,故一般采用分批加入引发剂或者单体的方法。醋酸乙烯酯乳液聚合机理与一般乳液聚合机理相似,但是由于醋酸乙烯酯在水中有较高的溶解度,而且容易水解,产生的乙酸会干扰聚合;同时,醋酸乙烯酯自由基十分活泼,链转移反应显著。因此,除了乳化剂,醋酸乙烯酯乳液中一般还加入聚乙烯醇来保护胶体。

醋酸乙烯酯也可以与其他单体共聚合制备性能更优异的聚合物乳液,如与氯乙烯单体共聚合可改善聚氯乙烯的可塑性或改良其溶解性;与丙烯酸共聚合可改善乳液的粘接性能和耐碱性。

三、仪器和试剂

机械搅拌器一套,球形冷凝管一个,500mL 四口烧瓶一个,100mL 滴液漏斗一个,恒温水槽一套,温度计一支,固定夹若干。

醋酸乙烯酯,聚乙烯醇-1788,十二烷基磺酸钠,OP-10,过硫酸胺,碳酸氢钠、去离子水。

广泛 pH 试纸,NDJ-79 型旋转粘度计,烘箱。

四、实验步骤

乳液聚合方法。
(1) 实验装置如图 3-1 所示,准备试剂如表 3-1 所示。

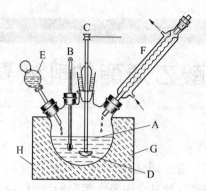

图 3-1 乳液聚合装置图

A—三口瓶；B—温度计；C—搅拌马达；D—搅拌器；
E—滴液漏斗；F—回流冷凝管；G—加热水浴；H—玻璃缸

表 3-1 聚醋酸乙烯酯乳液实验试剂用量表

试剂	名称	用量(g)
醋酸乙烯酯	单体	70
聚乙烯醇—1788	保护胶体	5.0
十二烷基磺酸钠	乳化剂	1.0
OP-10(20%水溶液)		5
过硫酸铵	引发剂	0.4
碳酸氢钠	缓冲剂	0.26
去离子水	介质	90

(2) 首先在四口烧瓶内加入去离子水 90g，聚乙烯醇 5g，5gOP-10，开启搅拌，水浴加热至 80℃~90℃使其溶解。

(3) 降温至 70℃，停止搅拌，加入十二烷基磺酸钠 1g 及碳酸氢钠 0.26g 后，开启搅拌，再加入 7g 醋酸乙烯酯(约 1/10 单体量)，最后加入过硫酸铵 0.4g，反应开始。

(4) 至反应体系出现蓝光，表明乳液聚合反应开始启动，15min 后再开始缓慢滴加剩余的醋酸乙烯酯 63g，在两个小时内加完。

(5) 滴加完毕后继续搅拌，保温反应 0.5h，撤除恒温浴槽，继续搅拌冷却至室温。

(6) 将生成的乳液经纱布过滤倒出，进行物性测试。

五、乳液的物性测试

(1) pH 值测定：以 pH 试纸测定乳液 pH 值；

(2) 固含量测定：在培养皿(预先称重 m_0)中倒入 2g 左右的乳液并准确记录(m_1)，在 105℃烘箱内烘烤 2h，称量并计算干燥后的质量(m_2)，测其固体百分含量：

$$固含量(质量\%) = \frac{干燥后的质量\ m_2}{乳液质量\ m_1} \times 100$$

(3) 粘度测试：以 NDJ-79 型旋转式粘度计测试乳液粘度。选用×1 号转子，测试温度 25℃。

实验03 实验记录及报告

醋酸乙烯酯的乳液聚合

班　级：_____　姓　名：_____　学　号：_____

同组实验者：_____　_____　实验日期：_____

指导教师签字：_____　　　　　　　　　　评　分：_____

（实验过程中，认真记录并填写本实验数据，实验结束后，送交指导教师签字）

一、实验数据记录

1. 乳液聚合试剂使用量

试　剂	质　量(g)
醋酸乙烯酯	
聚乙烯醇	
十二烷基磺酸钠	
OP-10	
过硫酸胺	
碳酸氢钠	
去离子水	

2. 乳液聚合期间，乳液观察记录

（1）乳液颜色如何变化？

（2）聚合过程中乳液的粘度如何变化？

(3) 聚合时乳液中有否凝胶生成？

3. 聚合物乳液的物性测定
(1) 粘度_____ cP；
(2) pH 值_____；
(3) m_0_____，m_1_____，m_2_____，
    固含量_____质量％。

二、问题与讨论

1. 为什么要严格控制单体滴加速度和聚合反应温度？

2. 醋酸乙烯酯乳液有何用途？

3. 市售的醋酸乙烯酯单体一般需要蒸馏后才容易发生聚合反应，为什么？

实验 04

甲基丙烯酸甲酯本体聚合制有机玻璃板

一、实验目的

(1) 了解自由基本体聚合的特点和实验方法；
(2) 掌握和了解有机玻璃的制造和操作技术的特点，并测定制品的透光率。

二、实验原理

本体聚合是指单体在少量引发剂下或者直接在热、光和辐射作用下进行的聚合反应，因此本体聚合具有产品纯度高、无需后处理等特点。本体聚合常常用于实验室研究，如聚合动力学的研究和竞聚率的测定等。工业上多用于制造板材和型材，所用设备也比较简单。本体聚合的优点是产品纯净，尤其可以制得透明样品；其缺点是散热困难，易产生凝胶效应，工业上常采用分段聚合的方式。

有机玻璃板就是甲基丙烯酸甲酯通过本体聚合方法制成。聚甲基丙烯酸甲酯(PMMA)具有优良的光学性能、密度小、机械性能和耐候性好。在航空、光学仪器、电器工业、日用品方面有着广泛用途。

MMA 是含不饱和双键、结构不对称的分子，易发生聚合反应，其聚合热为 56.5kJ/mol。MMA 在本体聚合中的突出特点是有"凝胶效应"，即在聚合过程中，当转化率达 10%～20% 时，聚合速率突然加快。物料的粘度骤然上升，以致发生局部过热甚至使聚合物即刻成爆米花状。其原因是由于随着聚合反应的进行，物料的粘度增大，活性增长链移动困难，致使其相互碰撞而产生的链终止反应速率下降；相反，单体分子扩散作用不受影响，因此活性链与单体分子结合进行链增长的速率不变，总的结果是聚合总速率增加，以致发生爆发性聚合。由于本体聚合没有稀释剂存在，聚合热的排散比较困难，"凝胶效应"放出大量反应热，使产品含有大量气泡影响其光学性能和力学性能。因此在生产中要通过严格控制聚合温度来控制聚合反应速率，以保证有机玻璃产品的质量。

甲基丙烯酸甲酯本体聚合制备有机玻璃常常采用分段聚合方式，先在聚合釜内进行预聚合，后将聚合物浇注到制品型模内，再开始缓慢后聚合成型。预聚合有几个好处，一是缩短聚合反应的诱导期并使"凝胶效应"提前到来，以便在灌模前移出较多的聚合热，以利于保证产品质量；二是可以减少聚合时的体积收缩，因 MMA 由单体变成聚合体体积要缩小 20%～22%，通过预聚合可使收缩率小于 12%，另外浆液粘度大，可减少灌模时的渗漏损失。

三、仪器和试剂

三角烧杯一个，三口烧瓶一个，搅拌装置一套，球形冷凝管一根，71 型或 72 型分光光度计，游标卡尺，玻璃片三片。

甲基丙烯酸甲酯 MMA30g，过氧化二苯甲酰(BPO) 0.03g。

四、实验步骤

1. 有机玻璃板的制备

一般分为下列五个主要步骤：制模；预聚合（制浆）；灌浆；后聚合；脱模。

（1）制模　取三块 40mm×70mm 玻璃片洗净并干燥。把三块玻璃片重叠、并将中间一块纵向抽出约 30mm，其余三断面用涤纶绝缘胶带牢牢地密封。将中间玻璃抽出，作灌浆用型模。

（2）预聚合　在 100mL 三角烧杯中加入甲基丙烯酸甲酯 30g，再称量 BPO 重 0.03g，轻轻摇动至溶解，倒入三口烧瓶中。搅拌下于 80℃～90℃水浴中加热预聚合，观察反应的粘度变化至形成粘性薄浆（似甘油状或稍粘些，反应约需 0.5～1h），迅速冷却至室温。

（3）灌浆　将冷却的粘液慢慢灌入模具中，垂直放置 10min 赶出气泡，然后将模口包装密封。

（4）聚合　将灌浆后的模具在 50℃的烘箱内进行低温聚合 6h，当模具内聚合物基本成为固体时升温到 100℃，保持 2h。

（5）脱模　将模具缓慢冷却到 50℃～60℃，撬开玻璃片，得到有机玻璃板。（为使产品脱模方便，制模前可在玻璃片表面涂一薄层硅油，但量一定要少，否则会影响产品的透明度。）

2. 有机玻璃透光率测定

利用分光光度计可测定所制有机玻璃板的透明度。

1）试样制备：

试样尺寸为 10mm×50mm，厚度按原厚度，用卡尺测定其厚度。

2）71 型或 72 型的测定方法（或者参见说明书）：

（1）接通 220V 恒压电源；

（2）打开仪器电源，恒压器及光源开关；

（3）开启样品盖，打开工作开关，将检流计光点调至透明度 0 点位置；

（4）调节所要波长 46.5nm；

（5）将光度调节到满刻度 100% 位置；

（6）放入试样，关上样品盖，所测得的透光度即为样品的透光度；

（7）逐一关闭各开关，再关闭总开关。

实验04 实验记录及报告

甲基丙烯酸甲酯本体聚合制有机玻璃板

班　级：_____　姓　名：_____　学　号：_____

同组实验者：_____ _____ _____　实验日期：_____

指导教师签字：_____　　　　　　　　　评　分：_____

（实验过程中，认真记录并填写本实验数据，实验结束后，送交指导教师签字）

一、实验过程与数据记录

甲基丙烯酸甲酯：_____ g；　　过氧化二苯甲酰：_____ g；
预聚合温度：_____ ℃；　　　　灌注聚合浆液：_____ g；
透光率：_____ %。

二、回答问题与讨论

1. 本体聚合的主要优缺点是什么？如何克服本体聚合中的"凝胶效应"？

2. 本实验的关键是预聚合，如果预聚合反应进行不完全会出现什么问题？

3. 为什么制备有机玻璃板引发剂一般使用 BPO 而不用 AIBN？

实验 05

膨胀计法测定甲基丙烯酸甲酯本体聚合反应速率

一、实验目的

(1) 掌握膨胀计法测定聚合反应速率的原理和方法；
(2) 验证聚合速率与单体浓度间的动力学关系，求得 MMA 本体聚合反应平均聚合速率。

二、实验原理

根据自由基聚合反应机理可以推导出聚合初期的动力学微分方程：

$$R_p = -\frac{d[M]}{dt} = k[I]^{1/2}[M]$$

聚合反应速率 R_p 与引发剂浓度 $[I]^{1/2}$、单体浓度 $[M]$ 成正比。在转化率低的情况下，可假定引发剂浓度保持恒定，将微分式积分可得：

$$\ln\frac{[M]_0}{[M]} = Kt$$

式中　$[M]_0$ 为起始单体浓度；$[M]$ 为 t 时刻单体浓度，K 为常数。

如果从实验中测定不同时刻的单体浓度 $[M]$，可求出不同时刻的 $\ln\frac{[M]_0}{[M]}$ 数值，并对时间 t 作图应得一条直线，由此可验证聚合反应速率与单体浓度的动力学关系式。

聚合反应速率的测定对工业生产和理论研究具有重要的意义。实验室多采用膨胀计法测定聚合反应速率：由于单体密度小于聚合物密度，因此在聚合过程中聚合体系的体积不断缩小，体积降低的程度依赖于单体和聚合物的相对量的变化程度，即体积的变化是和单体的转化率成正比。如果使用一根直径很小的毛细管来观察体积的变化(参见图 5-1)，测试灵敏度将大大提高，这种方法称为膨胀计法。

若以 ΔV_t 表示聚合反应 t 时刻的体积收缩值，ΔV_∞ 为单体完全转化为聚合物时的体积收缩值，则单体转化率 C_t 可以表示为：

$$C_t = \frac{\Delta V}{\Delta V_\infty} = \frac{\pi r^2 h}{\Delta V_\infty}$$

$$\Delta V_\infty = \frac{d_p - d_m}{d_p} \times V_0 \times 100\%$$

式中　V_0 为聚合体系的起始体积；r 为毛细管半径；h 为某时刻聚合体系液面下降高度；d_p 为聚合物密度；d_m 为单体密度。

因此，聚合反应速率为：

$$R_p = \frac{d[M]}{dt} = \frac{[M]_2 - [M]_1}{t_2 - t_1} = \frac{C_2[M]_0 - C_1[M]_0}{t_2 - t_1} = \frac{C_2 - C_1}{t_2 - t_1}[M]_0$$

因此，通过测定某一时刻聚合体系液面下降高度，即可计算出此时刻的体积收缩值和转化率,进而作出转化率与时间关系图,直线部分的斜率,即可求出平均聚合反应速率。

应用膨胀计法测定聚合反应速率既简单又准确,需要注意的是此法只适用于测量转化率在10%反应范围内的聚合反应速率。因为只有在引发剂浓度视为不变的阶段(10%以内的转化率)体积收缩与单体浓度呈线性关系,才能用上式求取平均速率;特别是在较高转化率下,体系粘度增大,会引起聚合反应加速,用上式计算的速率已不是体系的真实速率。

三、仪器与试剂

膨胀计(内径已标定,$r=0.2 \sim 0.4$mm,如图 5-1 所示)一个,恒温水浴装置一套,25mL 磨口锥形瓶一个,1mL 和 2mL 注射器各一支,称量瓶一个,20mL 移液管一支,分析天平(最小精度 0.1mg)一台。

甲基丙烯酸甲酯单体(除去阻聚剂)15mL,过氧化二苯甲酰(精制)0.12g,丙酮。

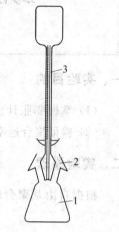

图 5-1 毛细管膨胀计

四、实验步骤

(1) 用移液管将 15mL 甲基丙烯酸甲酯移入洗净烘干的 25mL 磨口锥形瓶中,在天平上称 0.12g 已精制的过氧化二苯甲酰放入锥形瓶中,摇匀溶解。

(2) 在膨胀计毛细管的磨口处均匀涂抹真空油脂(磨口上沿往下 1/3 范围内),将毛细管口与聚合瓶旋转配合,检查是否严密,防止泄漏,再用橡皮筋把上下两部分固定好,用分析天平精称 m_1,另外备一个小称量瓶和 1mL 注射器一起称量备用。

(3) 取下膨胀计的毛细管,用注射器吸取已加入引发剂的单体溶液缓慢加入聚合瓶至磨口下沿往上 1/3 处(注意不要将磨口处的真空油脂冲入单体溶液中),再将毛细管垂直对准聚合瓶,平稳而迅速地插入聚合瓶中,使毛细管中充满液体。然后仔细观察聚合瓶和毛细管中的溶液中是否残留有气泡。如有气泡,必须取下毛细管并将磨口重新涂抹真空油脂再配合好。若没有气泡则用橡皮筋固定好,用滤纸把膨胀计上溢出的单体吸干,再用分析天平称量,记为 m_2。

(4) 将膨胀计垂直固定在夹具上,让下部容器浸于已恒温的(50 ± 0.1)℃水浴中,水面在磨口上沿以下。此时膨胀计毛细管中的液面由于受热而迅速上升,这时用刚才备好的 1mL 的注射器将毛细管刻度以上的溶液吸出,放入同时备好的称量瓶中。仔细观察毛细管中液面高度的变化,当反应物与水浴温度达到平衡时,毛细管液面不再上升。准确调至零点,记录此刻液面高度,即为反应的起始点。将抽出的液体称量(即抽液后注射器+称量瓶质量−抽液前注射器+称量瓶质量),记为 m_3。

(5) 当液面开始下降时,聚合反应开始,记下起始时刻和此时的刻度,以后每隔 5min 记录一次,随着反应进行,液面高度与时间呈线性关系,1h 后结束读数(反应初期,可能会有一段诱导期)。

(6) 从水浴中取出膨胀计,将聚合瓶中的聚合物倒入回收瓶,在小烧杯中用少量丙酮浸泡,用吸耳球不断地将丙酮吸入毛细管中反复冲洗后,干燥即可。

实验05 实验记录及报告

膨胀计法测定甲基丙烯酸甲酯本体聚合反应速率

班　级：_____　　姓　名：_____　　学　号：_____

同组实验者：_____　　实验日期：_____

指导教师签字：_____　　　　　　　　　评　分：_____

（实验过程中，认真记录并填写本实验数据，实验结束后，送交指导教师签字）

一、实验数据记录

1. 数据记录

毛细管直径：_____ mm；
引发剂质量：_____ g；
单体质量：m_1_____ g，m_2_____ g，m_3_____ g；
抽液前注射器＋称量瓶质量：_____ g；
抽液后注射器＋称量瓶质量：_____ g。

2. 聚合中刻度读数：

表 5-1 聚合反应数据记录和动力学处理

时间(min)	刻度 h(cm)	ΔV_t(mL)	C(%)	$\ln[1/(1-\Delta V/\Delta V_\infty)]$
0				
5				
10				
15				
20				
25				
30				
35				
40				
45				
50				
55				
60				

二、数据处理

（1）聚合起始体积 V_0 的计算：$V_0 = m/d_m =$ _____

其中：$d_m(50℃) = 0.94 \text{g/mL}$；$m$ 为膨胀计中单体重量：$m = m_2 - m_1 - m_3$

（2）聚合完全时体积变化 ΔV_∞：$\Delta V_\infty = (d_m - d_p)/d_p \times 100\%$

其中：$d_p(50℃) = 1.179 \text{g/mL}$

（3）起始单体浓度 $[M]_0$ (mol/L)：

$$[M]_0 = \frac{m/V}{V} = \frac{V \times d_m}{V} \times \frac{1}{V} \times 10^3 = \frac{d}{M} \times 100\% = \underline{\qquad}$$

式中：M 为甲基丙烯酸甲酯的相对分子质量。

（4）测定聚合反应速率：

按表 5-1 记录数据，并计算相应参数，绘制转化率 C 与聚合时间 t 关系图，线性回归求得斜率，乘以单体浓度即得聚合初期反应速率。

（5）验证动力学关系式：

作 $\ln \dfrac{1}{(1 - \Delta V/V_0 K)}$ 与 t 关系图，求出直线斜率进行验证。

三、回答问题及讨论

1. 膨胀计法测动力学的原理是什么？为何只能在低转化率时测定？

2. 如采用偶氮二异丁腈作引发剂，聚合反应速率会如何改变？实验过程中有何现象发生？

实验06

界面缩聚法制备尼龙-66

一、实验目的

(1) 掌握以己二胺与己二酰氯进行界面缩聚方法制备尼龙-66的方法;
(2) 了解缩聚反应的原理。

二、实验原理

缩聚反应通常是逐步进行的,生成聚合物的相对分子质量随反应程度的增加而逐步增大。例如二元胺/二元酸的缩聚合反应通常在200℃以上的温度下慢慢进行,经过大约5~15h后才可获得高分子量的聚酰胺。

界面缩聚是缩聚反应的特殊实施方式:将两种单体分别溶解于互不相溶的两种溶剂中,然后将两种溶液混合,聚合反应只发生在两相溶液的界面。界面聚合要求单体有很高的反应活性,例如己二胺与己二酰氯制备尼龙-66是实验室常用的方法,其反应特征为:己二胺的水溶液为水相(上层),己二酰氯的四氯化碳溶液为有机相(下层);两者混合时,由于胺基与酰氯的反应速率常数很高,在相界面上马上就可以生成聚合物的薄膜:

$$n\text{ClOC(CH}_2)_4\text{COCl} + n\text{H}_2\text{N(CH}_2)_6\text{NH}_2 \xrightarrow{\text{NaOH}} \text{[CO(CH}_2)_4\text{CONH(CH}_2)_6\text{NH]}_n$$

　　己二酰氯　　　　　　己二胺　　　　　　　　聚酰胺

界面缩聚有下列优点:
(1) 设备简单,操作容易;
(2) 制备高相对分子质量的聚合物常常不需要严格的等当量比;
(3) 常温聚合,不需加热;
(4) 反应快速;
(5) 可连续性获得聚合物。

界面缩聚方法已经应用于很多聚合物的合成,例如:聚酰胺,聚碳酸酯及聚氨基甲酸酯等。这种聚合方法也有缺点,二元酰氯单体的成本高,需要使用和回收大量的溶剂等。

三、仪器及药品

1. 己二酰氯的合成

圆底烧瓶(50mL)两个,回流冷凝管一个,氯化钙干燥管一支,油浴设备一套,蒸馏设备一套,氯化氢气体吸收装置一套(图6-1)。

己二酸10g,二氯亚砜20mL。

2. 尼龙-66的合成

烧杯(250mL)两个,玻璃棒,铁架(装置图如图6-2所示)。

己二胺 4.64g(0.04mol),己二酰氯 3.66g(0.02mol),水 100mL,四氯化碳 100mL,氢氧化钠 3.2g(0.08mol),盐酸。

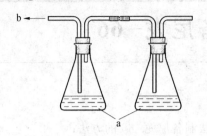

图 6-1 氯化氢接收装置

a—10%的 NaOH 溶液;b—接氯化钙干燥装置

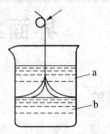

图 6-2 界面缩聚法制备尼龙-66

a—己二胺的水溶液;b—己二酰氯的四氯化碳溶液

四、实验步骤

1. 第一步,己二酰氯的合成

$$\text{HOOC(CH}_2)_4\text{COOH} \xrightarrow{\text{SOCl}_2} \text{ClOC(CH}_2)_4\text{COCl}$$

(1) 在装有回流冷凝管的 50mL 圆底烧瓶内(回流冷凝管上方装有氯化钙干燥管),后接有氯化氢吸收装置。加入己二酸 10g 及二氯亚砜 20mL,并加入两滴二甲基甲酰胺,即有大量气体生成,加热回流反应 2h 左右,直至没有氯化氢气体放出。[①]

(2) 将回流装置改为蒸馏装置,首先在常压下利用温水浴,将过剩的二氯亚砜蒸馏出。

(3) 为完全去除二氯亚砜,将水浴再改换成油浴(60℃~80℃),真空减压至无二氯亚砜馏分析出为止。

(4) 再继续进行减压蒸馏,将己二酰氯蒸馏出(b. p. 135℃/25mmHg)(1mmHg = 133Pa)。产物约为 5~10g。

2. 第二步,尼龙-66 的合成

(1) 按图 6-2 所示,安装好反应装置。

(2) 将己二胺 4.64g 及氢氧化钠 3.2g 放入 250mL 的烧杯中,加水 100mL 溶解。(标记为 A 瓶)(注意:夏季气温高时加冰冷却外部,使水温保持在 10℃~20℃)。

(3) 己二酰氯 3.66g 放入干燥的另一 250mL 烧杯中,加入精制过的四氯化碳 100mL 溶解(标记为 B 瓶)。(夏季气温高时亦须用冰从外部冷却烧杯使其溶液温度保持在 10℃~20℃。)[②]

(4) 然后将 A 杯中的溶液沿着玻璃棒徐徐倒入 B 杯内。立即在两界面上形成了半透明薄膜,此即聚己二酰胺(尼龙-66)。

(5) 用玻璃棒小心将界面处的薄膜拉出,并缠绕在玻璃棒上,直至己二酰氯反应完毕。也可以使用导轮,借着重力,观察具有弹性丝状的尼龙-66 连续不断地被拉出。

(6) 生成的丝以 3%的盐酸溶液洗涤,再用去离子水洗涤至中性,然后真空干燥至恒重。

注:① 玻璃器具须事先清洗干净,并须注意连接口的气密性良好。
② 四氯化碳须事先蒸馏(b.p.76.8℃)或干燥。

实验06 实验记录及报告

界面缩聚法制备尼龙-66

班　级：_____　姓　名：_____　学　号：_____

同组实验者：_____ _____ _____　实验日期：_____

指导教师签字：_____　　　　　　　　　　评　分：_____

（实验过程中，认真记录并填写本实验数据，实验结束后，送交指导教师签字）

一、实验数据记录

己二胺：_____ g；　　　　　二氯亚砜_____ mL；

己二酰氯：_____ g；　　　　水：_____ mL；

四氯化碳：_____ mL；　　　尼龙-66共生成：_____ g；

反应温度：_____ ℃；　　　　尼龙-66产率：_____ %。

二、实验过程记录

三、回答问题与讨论

1. 比较界面缩聚及其他缩聚反应的异同？

2. 界面缩聚可否用于聚脂的合成？为什么？

3. 影响聚合物相对分子质量的因素有哪些？

实验 07

聚己二酸乙二酯的制备

具有双官能团或多官能团的单体通过缩合反应,彼此连在一起,同时消除小分子副产物,生成长链高分子的反应称为缩聚。缩聚反应分为线性缩聚反应和体型缩聚反应,利用缩聚反应能制备很多品种的高分子材料。

一、实验目的

(1) 本实验将通过改变己二酸乙二醇酯制备的反应条件,了解其对反应程度的影响因素;

(2) 观察与分析副产物的析出情况,进一步了解聚酯类型的缩聚反应的特点。

二、实验原理

线性缩聚反应的特点是单体的双官能团间相互反应,同时析出副产物,在反应初期,由于参加反应的官能团数量较多,反应速度较快,转化率较高,单体间相互形成二聚体、三聚体,最终生成高聚物。

$$aAa + bBb \rightarrow aABb + ab$$
$$aABb + aAa \rightarrow aABAa + ab \text{ 或 } aABb + bBb \rightarrow bBABb + ab$$
$$a(AB)_m b + a(AB)_n b \rightarrow a(AB)_{m+n} b + ab$$

整个线性缩聚是可逆平衡反应,缩聚物的相对分子质量必然受到平衡常数的影响。利用官能团等活性的假设,可近似地用同一个平衡常数来表示其反应平衡特征。聚酯反应的平衡常数一般较小,K 值大约在 $4 \sim 10$ 之间。当反应条件改变时,例如副产物 ab 从反应体系中除去,平衡即被破坏。除了单体结构和端基活性的影响外,影响聚酯反应的主要因素有:配料比、反应温度、催化剂、反应程度、反应时间、小分子产物的清除程度等。

配料比对反应程度和聚酯的相对分子质量大小的影响很大,体系中任何一种单体过量,都会降低聚合程度;采用催化剂可大大加快反应速度;提高反应温度一般也能加快反应速度,提高反应程度,同时促使反应生成的低分子产物尽快离开反应体系,但反应温度的选择与单体的沸点、热稳定性有关。反应中低分子副产物将使反应逆向进行,阻碍高分子产物的生成,因此去除小分子副产物越彻底,反应进行的程度越大,产物的分子量就越高。为了去除小分子副产物水,本实验可采取提高反应温度,降低系统压力,提高搅拌速度和通入惰性气体等方法。此外,在反应没有达到平衡,链两端未被封锁的情况下,反应时间的增加也可提高反应程度和相对分子质量。

在配料比严格控制在 $1:1$ 时,产物的平均聚合度 X_n 与反应程度(P)具有如下关系:$X_n = 1/(1-P)$,假如要求 $X_n = 100$,则需使 $P = 99\%$,因此,要获得较高相对分子质量的产物,必须提高反应程度,反应程度可通过析出的副产物的量计算:$P = n/n_0$,其中 n 为收集到的副产物的量,n_0 为理论反应副产物的量。

本实验由于实验设备、反应条件和时间的限制,不能在有限时间内获得较高相对分子质量的产物,只能通过反应条件的改变,了解缩聚反应的特点以及影响缩聚反应的各种因素。

在聚酯缩聚反应体系中,有羧基官能团存在,因此通过测定反应过程中的酸值的变化,可了解反应进行的程度(或平衡是否达到)。

三、主要仪器和试剂

1. 实验仪器

实验仪器装置如图7-1、图7-2,其中包括250mL三口瓶一个、搅拌器一个、分水器一个,温度计一个、球形冷凝管一个,100mL和250mL量筒各一个,培养皿。

2. 实验试剂

己二酸,乙二醇,对甲苯磺酸,十氢萘。

四、实验步骤

实验仪器装置如图7-1、图7-2所示:

在三口瓶中先后加入己二酸36.5g和乙二醇14 mL,少量对甲苯磺酸及15mL十氢萘,分水器内加入15mL十氢萘。用电热锅加热,在搅拌下15min内升温至160℃并保持(160±2)℃1.5h,每隔15min记录一次析出水量。然后将体系升温至(200±2)℃再保持此温度1.5h,同时每隔15min记录一次析出水量。

将反应装置改成减压系统(放出分水器中的水,在(200±2)℃,13.3kPa(100mmHg)压力下反应0.5h,同时记录在此条件下的析水量。反应停止,趁热倒出聚合物,冷却后,得白色蜡状固体,称重。

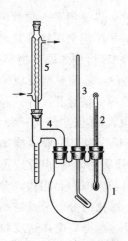 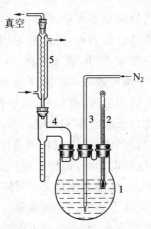

图7-1 聚己二酸乙醇制备装置　　　　　　　图7-2 聚酯减压装置

1—250mL三口烧瓶;2—温度计;3—搅拌器(图7-2:3—氮气管);4—分水器;5—球形冷凝管

实验07 实验记录及报告

聚己二酸乙二酯的制备

班　级：_____　姓　名：_____　学　号：_____

同组实验者：_____　_____　_____　实验日期：_____

指导教师签字：_____　　　　　　　　　评　分：_____

（实验过程中，认真记录并填写本实验数据，实验结束后，送交指导教师签字）

一、实验数据记录

己二酸用量：_____ g；　　　乙二醇用量：_____ mL；
十氢萘用量：_____ g；　　　聚合时间：_____ h；
聚合温度：_____ ℃；　　　　聚合物质量：_____ g；
产　　率：_____ %。

二、实验过程记录

三、讨论与问题

1. 本实验起始条件的选择原则是什么？说明采取实验步骤和装置的原因。

2. 根据实验结果画出累积分水量与反应时间的关系图,并讨论反应特点,讨论分水量与反应程度、聚合度的关系。

3. 如何保证投料配比的等摩尔数?

实验 08

苯乙烯的正离子聚合

一、实验目的

(1) 通过实验加深对正离子聚合原理的认识；
(2) 掌握正离子聚合的实验操作。

二、实验原理

正离子聚合反应是由链引发、链增长、链终止和链转移四个基元反应构成。

链引发：$C+RH \xrightleftharpoons{k} H^+(CR)^-$

$H^+(CR)^- + M \xrightarrow{k_i} HM^+(CR)^-$

其中 C、RH 和 M 分别为引发剂、助引发剂和单体。

链增长：$HM^+(CR)^- + M \xrightarrow{k_p} HM_nM^+(CR)^-$

链终止和链转移：

$$HM_nM^+(CR)^- \xrightarrow{k_t} HM_nM + H^+(CR)^-$$

$$HM_nM^+(CR)^- + M \xrightarrow{k_{trM}} HM_nM + M^+(CR)^-$$

$$HM_nM^+(CR)^- + S \xrightarrow{k_{trS}} HM_nM + S^+(CR)^-$$

某些单体的正离子聚合的链增长存在碳正离子的重排反应，绝大多数的正离子聚合链转移和链终止反应多种多样，使其动力学表达较为复杂。温度、溶剂和反离子对聚合反应影响较为显著。

Lewis 酸是正离子聚合常用的引发剂，在引发除乙烯基醚类以外单体进行聚合反应时，需要加入助引发剂(如水、醇、酸或氯代烃)。例如，使用水或醇作为助引发剂时，它们与引发剂(BF_3)形成络合物，然后解离出活泼正离子，引发聚合反应。

正离子聚合对杂质极为敏感，杂质或加速聚合反应，或对聚合反应起阻碍作用，还能起到链转移或链终止的作用，使聚合物相对分子质量下降。因此，进行离子型聚合，需要精制所用溶剂、单体和其他试剂，还需对聚合系统进行充分干燥。

本实验以 $BF_3 \cdot Et_2O$ 作为引发剂，在苯中进行苯乙烯正离子聚合。

三、主要仪器和试剂

1. 实验仪器

100mL 三口烧瓶，直形冷凝管，注射器，注射针头，电磁搅拌器，真空系统，通氮系统。

2. 实验试剂

苯乙烯(精制)，苯，CaH_2，$BF_3 \cdot Et_2O$，甲醇。

四、实验步骤

1. 溶剂和单体的精制

单体精制：在100mL分液漏斗中加入50mL苯乙烯单体，用15mL的NaOH溶液（5%）洗涤两次，以清除阻聚剂。用蒸馏水洗涤至中性，分离出的单体置于锥形瓶中，加入无水硫酸钠至液体透明。干燥后的单体进行减压蒸馏，收集53.3kPa压力下59℃～60℃的馏分，储存在烧瓶中，充氮封存，置于冰箱中待用。

溶剂苯需进行预处理。400mL苯用25mL浓硫酸洗涤两次以除去噻吩等杂环化合物，用5%的NaOH溶液25mL洗涤一次，再用蒸馏水洗至中性，加入无水硫酸钠干燥待用。

2. 引发剂精制

$BF_3 \cdot Et_2O$长期放置，颜色会转变成棕色。使用前，在隔绝空气的条件下进行蒸馏，收集馏分。商品$BF_3 \cdot Et_2O$溶液中BF_3的含量为46.6%～47.8%，必要时用干燥的苯稀释至适当浓度。

3. 苯乙烯正离子聚合

苯乙烯正离子聚合装置如图8-1，所用玻璃仪器包括注射器、注射针头和磁搅拌子在内，预先置于100℃烘箱中干燥过夜。趁热，将反应瓶连接到双排管聚合系统上，体系抽真空、通氮气，反复三次，并保持反应体系为正压。分别用50mL和5mL的注射器先后注入25mL苯和3mL苯乙烯，开动电磁搅拌，再加入$BF_3 \cdot Et_2O$溶液0.3mL（浓度约为0.5%（质量））。控制水浴温度在27℃～30℃之间，反应4h，得到粘稠的液体。用100mL甲醇沉淀出聚合物，用布氏漏斗过滤，以甲醇洗涤、抽干，在真空烘箱内干燥，称重，计算产率。

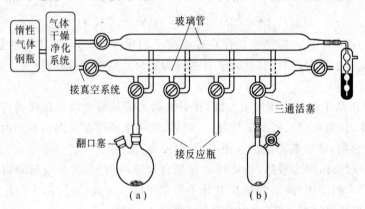

图8-1 双排管反应系统
(a)—球形反应瓶；(b)—圆柱形反应瓶

实验 08　实验记录及报告

苯乙烯的正离子聚合

班　级：_____　姓　名：_____　学　号：_____

同组实验者：_____　_____　_____　　实验日期：_____

指导教师签字：_____　　　　　　　　　　评　分：_____

（实验过程中，认真记录并填写本实验数据，实验结束后，送交指导教师签字）

一、实验数据记录

　　苯乙烯用量：_____ mL；　　　　苯的用量：_____ mL；
　　$BF_3 \cdot Et_2O$ 用量：_____ mL；　　甲醇用量：_____ mL；
　　聚 合 时 间：_____ h；　　　　　　聚合温度：_____ ℃；
　　聚合物质量：_____ g；　　　　　　产　　率：_____ %。

二、实验过程记录

三、讨论与问题

　　1. 正离子聚合反应有什么特点？

2. 正离子聚合需在低温下进行,原因是什么?

实验 09 甲基丙烯酸丁酯的原子转移自由基聚合

一、实验目的

（1）了解甲基丙烯酸丁酯进行原子转移自由基聚合的实验方法；
（2）了解自由基聚合实现可控聚合的思路和影响因素。

二、实验原理

自由基聚合具有非常重要的地位，相对于离子聚合，自由基聚合具有很多优点，如自由基聚合对单体的选择性低，绝大多数烯类单体均可进行自由基聚合；聚合方法多样化，本体、溶液、悬浮、乳液聚合方法均适用；反应条件温和，聚合温度一般为室温至 150 ℃；对水和空气等不敏感；引发手段多样化，可采用光引发、热引发、引发剂引发等。因此，如果能实现自由基聚合的活性聚合具有十分重要的意义。自由基实现活性聚合的难点在于自由基活性高，自由基活性种之间易发生偶合或歧化终止反应；还易发生链转移反应。因此，增长链难以持续保持活性，所得聚合物的相对分子质量不易控制，相对分子质量分布也较宽。

20 世纪 90 年代，活性自由基聚合才出现并成为高分子化学的热点，科学家通过各种方法实现了自由基聚合的"可控活性"聚合，其中原子转移自由基聚合（ATRP）是研究最为活跃的一种可控自由基聚合。ATRP 的反应机理如下所示。

链引发：

$$R\!-\!X + Cu^I X(bpy) \rightleftharpoons R\cdot + XCu^{II} X(bpy)$$

$$\Big\downarrow k_i \,\, M$$

$$R\!-\!M\!-\!X + Cu^I X(bpy) \rightleftharpoons R\!-\!M\cdot + XCu^{II} X(bpy)$$

链增长：

$$\sim\!\!\sim\!\!P_n\!-\!X + Cu^I X(bpy) \underset{k_a}{\overset{k_d}{\rightleftharpoons}} \sim\!\!\sim\!\!P_n\cdot + XCu^{II} X(bpy)$$

$$(+M)\, k_p$$

在链引发反应中，首先低价态的过渡金属从引发剂有机卤化物分子 RX 上夺取一个卤原子生成高价态的过渡金属化合物，同时生成初级自由基 R·。R· 可以与单体加成反应，形成单体自由基 RM·，完成链引发反应。随后 RM· 可以与单体继续加成进行链增长，而更大的反应几率是与高价态的过渡金属化合物反应得到较稳定的卤化物 RMX，此时过渡金属化合物由高价态还原为低价态。增长反应过程同引发过程相像，所不同的只是卤化物由小分子的有机卤化物分子变成大分子卤代烷 RMX（休眠种）。

需要注意的是在上面的反应式中，自由基的活化和失活是可逆平衡反应，并趋于休眠种方向，即自由基的失活速率远大于卤代烷（休眠种）的活化速率，因此体系中自由基的浓度很低，自由基之间的双基终止得到有效的控制。而且，通过选择合适的聚合体系组成（引发剂/

过渡金属卤化物/配位剂/单体),可以使引发反应速率大于或至少等于链增长速率。同时,活化—失活可逆平衡的交换速率远大于链增长速率。这样保证了所有增长链同时进行引发,并且同时进行增长,使 ATRP 显示活性聚合的基本特征:聚合物的相对分子质量与单体转化率成正比,相对分子质量的实测值与理论值基本吻合,相对分子质量分布较窄;第一单体聚合完成后,如加入第二种单体,可继续进行反应,生成嵌段共聚物。

三、仪器与试剂

1. 主要试剂

试 剂	名 称	规 格	用 量
甲基丙烯酸丁酯	单体	精制	20g
α-溴代异丁酸乙酯	引发剂	商购,直接使用	0.274 7g
溴化亚铜	催化剂	精制	0.202 0g
五甲基化二乙基三胺	配位剂	商购,直接使用	0.244 1g
环己酮	溶剂	二次减压蒸馏	20g
甲醇	沉淀剂	分析纯	—

2. 主要仪器

磁力搅拌器一套,加热控温油浴一套,真空系统一套,100mL 聚合瓶一个,400mL 烧杯一个,10mL、30mL 注射器各一支,高纯氩气,止血钳若干,医用厚壁乳胶管。

四、实验步骤

(1) 向溶剂环己酮和单体甲基丙烯酸丁酯中通入高纯氩气 30min 进行除氧(氧是自由基聚合的阻聚剂)。

(2) 聚合装置如图 9-1 所示,在聚合瓶中加入磁搅拌子、溴化亚铜 0.202 0g(1.4mmol)、五甲基化二乙基三胺 0.244 1g(1.4mmol),连接在抽排装置上。体系抽真空、充氩气反复进行三次。

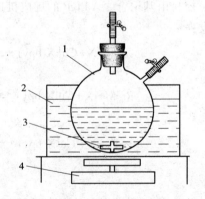

图 9-1 原子转移自由基聚合反应装置图
1—聚合瓶;2—加热油浴;3—磁力搅拌子;4—磁力搅拌器

(3) 称取引发剂 0.274 7g、单体 20g、环己酮 20g,混匀,加入到聚合瓶中。聚合瓶置于冷冻盐水中,15min 后将聚合体系抽真空、充氩气反复进行三次。

(4) 聚合瓶置于 110℃ 油浴中进行聚合。约 10h 后结束聚合,将聚合液倒入已预先称量的 400mL 烧杯(m_1)中,并称重(m_2),并加入大量的甲醇,沉淀。静置后将上层清液倒除,置于真空烘箱中(40℃~50℃)干燥至恒重(m_3),计算转化率。

实验09 实验记录及报告

甲基丙烯酸丁酯的原子转移自由基聚合

班　级：_____　　姓　名：_____　　学　号：_____

同组实验者：_____ _____ _____　　实验日期：_____

指导教师签字：_____　　　　　　　　　评　分：_____

（实验过程中，认真记录并填写本实验数据，实验结束后，送交指导教师签字）

一、实验数据记录

1. 物料称量

甲基丙烯酸丁酯：_____ g；　　α-溴代异丁酸乙酯：_____ g；
溴化亚铜：_____ g；　　　　　五甲基化二乙基三胺：_____ g；
环己酮：_____ g。

2. 转化率测定

m_1：_____ g；　m_2：_____ g；　m_3：_____ g；　转化率 C：_____ ％。

二、回答问题和讨论

1. 聚合过程中要进行比较严格的除氧操作，为什么？

2. 可控自由基聚合与活性阴离子聚合相比，有哪些优点和缺点？

3. 对于活性聚合,转化率 C 和反应时间 t 之间满足 $\ln(1-C)$ 与 t 呈线性关系,对于本实验,请设计实验进行验证?

实验 10

聚乙烯醇缩甲醛的制备

一、实验目的

(1) 进一步了解高分子化学反应的原理;
(2) 通过聚乙烯醇(PVA)的缩醛化制备胶水,掌握 PVA 缩醛化的实验技术与反应原理。

二、实验原理

早在 1931 年,人们就已经研制出聚乙烯醇(PVA)的纤维,但由于 PVA 的水溶性而无法实际应用。利用"缩醛化"减少其水溶性,就使得 PVA 有了较大的实际应用价值。用甲醛进行缩醛化反应得到聚乙烯醇缩甲醛 PVF。PVF 随缩醛化程度不同,性质和用途有所不同。控制缩醛在 35% 左右,就得到人们称为"维纶"(维尼龙)的纤维(vinylon)。维纶的强度是棉花的 1.5~2.0 倍,吸湿性 5%,接近天然纤维,又称为"合成棉花"。

在 PVF 分子中,如果控制其缩醛度在较低水平,由于 PVF 分子中含有羟基,乙酰基和醛基,因此有较强的粘接性能,可用作胶水,用来粘结金属、木材、皮革、玻璃、陶瓷、橡胶等。

聚乙烯醇缩甲醛是利用聚乙烯醇与甲醛在盐酸的催化作用下制得的。其反应式如下:

$$\sim CH_2CHCH_2CH \sim + HCHO \xrightarrow{HCl} \sim CH_2CHCH_2-CH \sim + H_2O$$
$$\quad\quad\ |\quad\quad\ |\quad\quad\quad\quad\quad\quad\quad\quad\quad\ |\quad\quad\quad\ |$$
$$\quad\quad OH\quad OH\quad\quad\quad\quad\quad\quad\quad\quad\quad\ O—CH_2—O$$

高分子链上的羟基未必能全部进行缩醛化反应,会有一部分羟基残留下来。本实验是合成水溶性聚乙烯醇缩甲醛胶水,反应过程中需控制较低的缩醛度,使产物保持水溶性。如若反应过于猛烈。则会造成局部高缩醛度,导致不溶性物质存在于胶水中,影响胶水质量。因此在反应过程中,要特别注意严格控制催化剂用量、反应温度、反应时间及反应物比例等因素。

三、实验仪器与实验试剂

恒温水浴一套,机械搅拌器一台,温度计一支,250mL 三口烧瓶一个,球形冷凝管一支,10mL 量筒一个,100mL 量筒一个,培养皿一个。

聚乙烯醇 1799(PVA),甲醛水溶液(40%工业甲醛),盐酸,NaOH,去离子水。

四、实验步骤

(1) 按(图 10-1)搭好反应装置。
(2) 在 250mL 三口瓶中加入 90mL 去离子水和 17gPVA,在搅拌下升温溶解。
(3) 升温到 90℃,待 PVA 全部溶解后,降温至 85℃左右加入 3mL 甲醛搅拌 15min,滴加 1:4 的盐酸溶液,控制反应体系 pH 值至 1~3,保持反应温度 90℃左右。

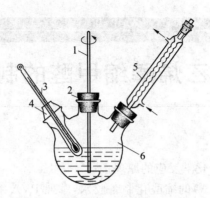

图 10-1 聚乙烯醇缩甲醛反应装置图
1—搅拌器；2—四氟塞；3—温度计；4—温度计套管；
5—回流冷凝管；6—三口烧瓶

(4) 继续搅拌，反应体系逐渐变稠。当体系中出现气泡或有絮状物产生时，立即迅速加入 1.5mL 8%的 NaOH 溶液[①]，调节 pH 值为 8~9，冷却、出料，所获得的无色透明粘稠液体即为胶水。

注：① 由于缩醛化反应的程度较低，胶水中尚含有未反应的甲醛，产物往往有甲酸的刺激性气味。缩醛基团在碱性环境下较稳定，故要调整胶水的 pH 值。

实验10 实验记录及报告

聚乙烯醇缩甲醛的制备

班　级：_____　　姓　名：_____　　学　号：_____

同组实验者：_____　_____　_____　　实验日期：_____

指导教师签字：_____　　　　　　　　　　　评　分：_____

（实验过程中，认真记录并填写本实验数据，实验结束后，送交指导教师签字）

一、实验数据记录

聚乙烯醇：_____ g；　　　　　去离子水：_____ mL；
40%甲醛溶液：_____ mL；　　　1∶4盐酸溶液：_____ mL；
8%NaOH溶液：_____ mL。

二、记录缩醛化的过程

三、回答问题和讨论

1. 为什么缩醛度增加，水溶性会下降？

2. 缩醛化反应能否达到100%？为什么？

实验 11

苯乙烯-顺丁烯二酸酐的交替共聚

一、实验目的

(1) 了解苯乙烯与顺丁烯二酸酐发生自由基交替共聚的基本原理；
(2) 掌握自由基溶液聚合的实验方法及聚合物析出方法；
(3) 学会除氧、充氮以及隔绝空气条件下的物料转移和聚合方法。

二、实验原理

顺丁烯二酸酐由于空间位阻效应，在一般条件下很难发生均聚，而苯乙烯由于共轭效应很易均聚，当将上述两种单体按一定配比混合后在引发剂作用下却很容易发生共聚。而且，共聚产物具有规整的交替结构，这与两种单体的结构有关。顺丁烯二酸酐双键两端带有两个吸电子能力很强的酸酐基团，使酸酐中的碳碳双键上的电子云密度降低而带部分的正电荷，而苯乙烯是一个大共轭体系，在正电荷的顺丁烯二酸酐的诱导下，苯环的电荷向双键移动，使碳碳双键上的电子云密度增加而带部分的负电荷。这两种带有相反电荷的单体构成了电子受体(Accepter)-电子给体(Donor)体系，在静电作用下很容易形成一种电荷转移配位化合物，这种配位化合物可看作一个大单体，在引发剂作用下发生自由基聚合，形成交替共聚的结构。

另外，由 e 值和竞聚率亦可判定两种单体所形成的共聚物结构。由于苯乙烯的由 e 值为 -0.8 而顺丁烯二酸酐的 e 值为 2.25，两者相差很大，因此发生交替共聚的趋势很大。在 60℃时苯乙烯(M_1)-顺丁烯二酸酐(M_2)的竞聚率分别为 $r_1 = 0.01$ 和 $r_2 = 0$，由共聚组分微分方程可得：

$$\frac{d[M_1]}{d[M_2]} = 1 + r_1 \frac{[M_1]}{[M_2]}$$

当惰性单体顺丁烯二酸酐的用量远大于易均聚单体苯乙烯时，则当 $r_1 \frac{[M_1]}{[M_2]}$ 趋于零，共聚反应趋于生成理想的交替结构。

两单体的结构决定了所生成的交替共聚物，不溶于非极性或极性很大的溶剂，如四氯化碳、氯仿、苯和甲苯等，而可溶于极性较强的四氢呋喃、二氧六环、二甲基甲酰胺和乙酸乙酯等溶剂。本实验选用乙酸乙酯作溶剂，采用溶液聚合的方法合成交替共聚物，而后加入乙醇使产物析出。

三、主要仪器和试剂

1. 实验仪器

实验装置一套，如图 11-1 所示，恒温水浴槽，聚合瓶，溶剂加料管，注射器，止血钳，布氏漏斗,烧杯,表面皿。

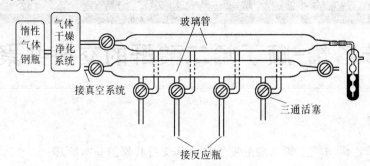

图 11-1 真空抽排装置

2. 实验试剂

苯乙烯单体,顺丁烯二酸酐单体,过氧化二苯甲酰引发剂,乙酸乙酯溶剂,工业乙醇。

四、实验步骤

(1) 称取 0.5g 顺丁烯二酸酐和 0.05g 过氧化二苯甲酰放入聚合瓶中(图 11-2),再将聚合瓶连接在实验装置上(图 11-1),进行抽真空和充氮气操作以排除瓶内空气,反复三次后,在充氮气情况下将瓶取下,用止血钳夹住出料口。

(2) 用加料管量取 15mL 乙酸乙酯,在保证不进入空气的情况下加入到已充氮的聚合瓶中,充分摇晃使固体溶解,再用注射器将 0.6mL 苯乙烯加入到聚合瓶中,充分摇匀。

(3) 将聚合瓶用单爪夹夹住放入 80℃ 水浴中,不时摇晃,在反应 15min 之内须放气三次,以防止聚合瓶盖被冲开。1h 后结束反应。

(4) 将聚合瓶取出,室温冷却,再用冷水冷却至室温。然后将瓶盖打开,将聚合液一边搅拌一边倒入工业乙醇的烧杯内,出现白色沉淀至聚合物全部析出。用布氏漏斗在水泵上抽滤,产物置于通风柜中晾干,称重,计算产率。

图 11-2 管状聚合瓶

实验 11 实验记录及报告

苯乙烯-顺丁烯二酸酐的交替共聚

班 级：_____ 姓 名：_____ 学 号：_____

同组实验者：_____ _____ _____ 实验日期：_____

指导教师签字：_____ 评 分：_____

（实验过程中，认真记录并填写本实验数据，实验结束后，送交指导教师签字）

一、实验数据记录

顺丁烯二酸酐质量：_____ g； 过氧化二苯甲酰质量：_____ g；
乙酸乙酯用量：_____ mL； 苯乙烯用量：_____ mL；
聚 合 时 间：_____ h； 聚 合 温 度：_____ ℃；
聚合物质量：_____ g； 产 率：_____ %。

二、实验过程记录

三、讨论与问题

1. 说明苯乙烯-顺丁烯二酸酐交替共聚原理并写出共聚物结构式，如何用化学分析法和仪器分析法确定共聚物结构？

2. 如果苯乙烯和顺丁烯二酸酐不是等物质的量投料,如何计算产率?

3. 比较溶液聚合和沉淀聚合的优缺点。

实验 12

甲基丙烯酸甲酯对纤维素的接枝聚合

一、实验目的

了解接枝聚合的原理。

二、实验原理

所谓接枝聚合,即在聚合体的主链上,以化学或物理方法,制造聚合起始活性点,再以不同单体加成至活性点,成长成带分枝之聚合体。如式(12-1)所示:

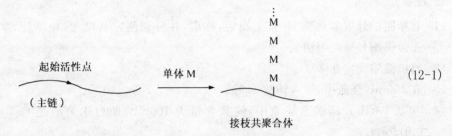

(12-1)

接枝聚合的主要目的,在于高分子材料的改性,研究最多的有纤维、塑料及橡胶等固体材料,进行自由基聚合接枝,并均已实用化。此类的接枝聚合为不均匀系,往往有未被接枝的聚合物(homopolymer)存在,算是一种副产物残留在固体材料的内部。另外已工业化的 ABS 树脂即是利用苯乙烯、丙烯腈等单体接枝在聚丁二烯的主链上,为实用的工业塑料之一。

本实验所进行的固相纤维素的接枝聚合,即为典型的不均匀体系自由基接枝聚合,常为纤维素纤维(cellulose fiber)改性的目的之一。聚合起始点的产生方法,可以辐射线照射或使用化学方法。本实验以化学方法中最常用的四价铈盐作为接枝聚合的试剂。

铈盐(Ce^{4+}),在酸性条件下,可与醇,特别是 1,2-二醇形成配位体,产生分解如式(12-2)的自由基。

$$Ce^{4+} + \underset{\underset{OH}{|}\ \underset{OH}{|}}{-CH-CH-} \rightarrow (配位) \rightarrow Ce^{3+} + \underset{\underset{O}{\|}}{-CH} + \underset{\underset{OH}{|}}{\cdot CH-} + H^+ \quad (12-2)$$

1,2-二醇

纤维素分子内存在 1,2-二醇的结构,容易与 Ce^{4+} 进行氧化还原反应,主链上生成活性自由基,再引发加入的烯类单体(vinyl monomer),则可进行接枝聚合。

本实验用单体甲基丙烯酸甲酯(MMA)对纤维素薄膜,进行接枝聚合。接枝聚合后,测定薄膜质量的增加量以及对水的润湿性的变化。同时与具有 1,2-二醇的低分子化合物蔗糖(sucrose)作一比较。

三、主要仪器和试剂

1. 实验仪器

恒温槽×1,氮气瓶×1,100mL 烧瓶×1,25mm 试管×6,12mm 试管×1,三叉管×5,橡胶活栓×5,50mL 烧杯×4,200mL 烧杯×5,20mL 吸量管×1,1mL 吸量管×1,0.1mL 吸量管×1,2mL 吸量管×1,滤纸×5,漏斗×1,搅拌棒×1,镊子(pincet)×1。

2. 实验试剂

蒸馏过甲基丙烯酸甲酯(MMA),二甲基亚砜(DMSO),硝酸铈(Ⅳ)铵[$Ce(NO_3)_4 \cdot 2NH_4NO_3 \cdot xH_2O$],丙酮,0.1M 硝酸,纤维素薄膜(2cm×3cm)8 张,纯水,蔗糖,甲醇。

四、实验步骤

1. 准备

(1) 将精制的纤维素薄膜 10 张干燥后,称重,并分别测定其尺寸(包括长,宽,厚)。各张薄膜编号避免混淆。

(2) 将恒温槽固定在 40℃。

(3) 在 100mL 烧瓶中,加入铈盐 5.5g。

(4) 加 0.1mol/L 硝酸至烧瓶中,使其含量为 100mL,所得水溶液之 Ce^{4+} 之浓度为 0.1mol/L。

(5) 取此水溶液 20~50mL 倒入烧杯中,将 2 张纤维素薄膜放入烧杯中浸渍约 30min(室温下)。

(6) 另在 12 mm 内径之试管中,配制 20%(质量)蔗糖水溶液 1mL。

2. 实验

(1) 5 支 25 mm 内径之试管,分别编号 1~5,试管内调制如表 12-1 的单体组成。

(2) 编号 1~4 的试管放入干燥薄膜。

(3) 编号 5 的试管,将薄膜 2 张事先浸渍在 Ce^{4+} 水溶液内,然后轻轻地用滤纸挤压薄膜以去除水分,再放入薄膜于试管内。

(4) 编号 3 的试管添加已调制的 20%(质量)蔗糖水溶液 0.1mL。

表 12-1 单体液组成

编号	MMA(mL)	DMSO(mL)	0.1mol/L Ce^{4+}(a)(mL)	薄膜张数 (b)	20 质量%蔗糖 (mL)
1	2	18	0	2	0
2	2	18	0.2	2	0
3	2	18	0.2	2	0.1
4	2	18	0.2	2	0
5	2	18	0	2(c)	0

(a) 0.1mol/L(HNO$_3$)。

(b) 接枝聚合后,通常薄膜之重量会增加,为提高精确度,可增加测定张数或次数。

(c) 事先将薄膜浸渍在 0.1mol/L Ce⁴⁺(0.1M HNO₃中)的水溶液中,在室温下浸渍 30min 后,再以滤纸擦拭后,薄膜浸入单体液中。

3. 氮气置换及聚合

(1) 如图 12-1 加装三向活栓,以氮气将试管内部的空气赶出。

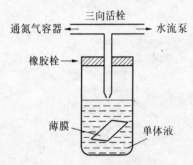

图 12-1 单体液的简便氮气置换法

(2) 操作方法为,三向活栓的一向为接氮气之钢瓶(或橡胶气球),另一向接水流泵。减压,导入氮气反复操作。
(3) 将内装氮气的聚合管(可关闭活栓)浸入 40℃的恒温槽,放置 1h。
(4) 将最后剩下的一张薄膜浸入只装纯水的试管内,同样在 40℃下保持 1h。
(5) 聚合 1h 后,分别将试管内聚合物倒入装 150mL 甲醇的烧杯中,未接枝的 MMA 均聚合体会沉淀下来。
(6) 将薄膜放入含 50mL 丙酮的烧杯中,将附着薄膜上的未接枝的 MMA 均聚合体溶解除去。
(7) 取出薄膜干燥。
(8) 将丙酮液浓缩,回收均聚合物。
(9) 将甲醇中所沉淀的均聚合物过滤回收。
(10) 将接枝的薄膜以及甲醇中沉淀的均聚物,与在丙酮中分离出来的均聚物,分别称重。
(11) 测定薄膜的尺寸变化,计算纤维素薄膜的接枝率。

$$接枝共聚物的接枝率 = \frac{接枝共聚物质量}{起初聚合物质量}$$

4. 薄膜对水润湿性质的测定

水对薄膜润湿性质的测定,可测定接触角,如无接触角测定仪器,可在薄膜表面以水滴润湿,用肉眼观察即可。

五、注意事项

本实验所用的薄膜,可选用市售的玻璃纸,但玻璃纸常添加有像甘油之类的增塑剂,事先需以甲醇及水,将添加剂或不纯物去除,也可使用市售的纤维素透析膜。

实验12 实验记录及报告

甲基丙烯酸甲酯对纤维素的接枝聚合

班　级：_____　姓　名：_____　学　号：_____

同组实验者：_____ _____ _____　实验日期：_____

指导教师签字：_____　　　　　　　　　　评　分：_____

（实验过程中，认真记录并填写本实验数据，实验结束后，送交指导教师签字）

一、实验数据记录

接枝聚合前纤维素薄膜质量：
1#：_____ g，尺寸：_____ ； 2#：_____ g，尺寸：_____ ；
3#：_____ g，尺寸：_____ ； 4#：_____ g，尺寸：_____ ；
5#：_____ g，尺寸：_____ ； 6#：_____ g，尺寸：_____ ；
7#：_____ g，尺寸：_____ ； 8#：_____ g，尺寸：_____ ；
9#：_____ g，尺寸：_____ ； 10#：_____ g，尺寸：_____ 。

单体液组成

编号	MMA(mL)	DMSO(mL)	0.1mmol/mL Ce^{4+} (mL)	薄膜张数	20%（质量）蔗糖(mL)
1					
2					
3					
4					
5					

聚合温度：_____ ℃　　　　　　　　　　聚合时间：_____ h

接枝聚合后纤维素薄膜质量：
1#：_____ g，尺寸：_____ ； 2#：_____ g，尺寸：_____ ；
3#：_____ g，尺寸：_____ ； 4#：_____ g，尺寸：_____ ；
5#：_____ g，尺寸：_____ ； 6#：_____ g，尺寸：_____ ；
7#：_____ g，尺寸：_____ ； 8#：_____ g，尺寸：_____ ；
9#：_____ g，尺寸：_____ ； 10#：_____ g，尺寸：_____ 。

聚合转化率：_____

二、实验过程记录

三、讨论与问题

1. 为什么接枝聚合前后，水对薄膜的润湿性质产生差异？

2. 因接枝聚合而使薄膜尺寸只在某一方向变化，原因是什么？

3. 纤维素经 MMA 接枝聚合后，对纤维素薄膜性质有何变化？为什么？

第二部分

高分子物理实验

实验 13 粘度法测定聚合物的粘均相对分子质量

一、实验目的

(1) 加深理解粘均相对分子质量的物理意义；
(2) 学习并掌握粘度法测定相对分子质量的实验方法；
(3) 学会用"一点法"快速测定粘均相对分子质量。

二、实验原理

由于聚合物的相对分子质量远大于溶剂，因此将聚合物溶解于溶剂时，溶液的粘度(η)将大于纯溶剂的粘度(η_0)。可用多种方式来表示溶液粘度相对于溶剂粘度的变化，其名称及定义如表 13-1 所示。

表 13-1 溶液粘度的各种定义及表达式

名 称	定 义 式	量 纲
相对粘度	$\eta_r = \dfrac{\eta}{\eta_0}$	无量纲
增比粘度	$\eta_{sp} = \dfrac{\eta - \eta_0}{\eta_0} = \eta_r - 1$	无量纲
比浓粘度（粘数）	$\dfrac{\eta_{sp}}{c} = \dfrac{\eta_r - 1}{c}$	浓度的倒数(dL/g)
比浓对数粘度（对数粘数）	$\dfrac{\ln \eta_r}{c} = \dfrac{\ln(1 + \eta_{sp})}{c}$	浓度的倒数(dL/g)

溶液的粘度与溶液的浓度有关，为了消除粘度对浓度的依赖性，定义了一种特性粘数，其定义式为

$$[\eta] = \lim_{c \to 0} \frac{\eta_{sp}}{c} = \lim_{c \to 0} \frac{\ln \eta_r}{c} \tag{13-1}$$

特性粘数又称为极限粘数，其值与浓度无关，其量纲也是浓度的倒数。

特性粘数取决于聚合物的相对分子质量和结构、溶液的温度和溶剂的特性，当温度和溶剂一定时，对于同种聚合物而言，其特性粘数就仅与其相对分子质量有关。因此，如果能建立相对分子质量与特性粘数之间的定量关系，就可以通过特性粘数的测定得到聚合物的相对分子质量。这就是用粘度法测定聚合物相对分子质量的理论依据。

根据式(13-1)的定义式，只要测定一系列不同浓度下的粘数和对数粘数，然后对浓度作图，并外推到浓度为零时，得到的粘数或对数粘数就是特性粘数。

实验表明，在稀溶液范围内，粘数和对数粘数与溶液浓度之间呈线性关系，可以用两个近似的经验方程来表示：

$$\frac{\eta_{sp}}{c} = [\eta] + \kappa [\eta]^2 c \tag{13-2}$$

$$\frac{\ln \eta_r}{c} = [\eta] - \beta[\eta]^2 c \tag{13-3}$$

式(13-2)和式(13-3)分别称为 Huggins 和 Kraemer 方程式。

当溶剂和温度一定时,分子结构相同的聚合物,其相对分子质量与特性粘数之间的关系可以用 MH 方程来确定,即

$$[\eta] = KM^\alpha \tag{13-4}$$

在一定的相对分子质量范围内,K,α 是与相对分子质量无关的常数。这样,只要知道 K 和 α 的值,即可根据所测得的 $[\eta]$ 值计算试样的相对分子质量。

在用 MH 方程计算相对分子质量时,由于不同的聚合物有不同的 K、α 值,因此在测定某种聚合物的相对分子质量之前,必须事先测定 K、α 值。测定的方法是:制备若干个相对分子质量均一的样品,下面又称为标样。然后分别测定每个样品的相对分子质量和极限粘数。其相对分子质量可用任何一种绝对方法进行测定。由式(13-4)两边取对数,得:

$$\lg[\eta] = \lg K + \alpha \lg M \tag{13-5}$$

以各个标样的 $\lg[\eta]$ 对 $\lg M$ 作图,所得直线的斜率是 α,而截距是 $\lg K$。

事实上,前人已对许多聚合物溶液体系的 K、α 值做了测定并收入手册,我们需要时可随时查阅,很多情况下,并不需要我们自己测定。但在选用 K、α 值时,一定要注意聚合物结构、溶剂、温度的一致性,以及适用的相对分子质量范围。此外,值得提醒的是,以前溶液的单位常以 g/dL 为单位,因此使用时可先将溶液的单位进行换算。

溶液的粘度一般用毛细管粘度计来测定,最常用的是乌氏粘度计,其结构如图13-1所示。其特点是毛细管下端与大气连通,这样,粘度计中液体的体积对测定没有影响。

在毛细管粘度计中,液体的流动符合如下关系式:

$$\eta = \frac{\pi P R^4 t}{8lV} - m\frac{\rho V}{8\pi l t} \tag{13-6}$$

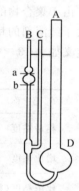

图 13-1 乌氏粘度计示意图

其中 ρ 是液体的密度;m 是一个与仪器的几何形状有关的常数,其值接近于 1;P 是液体的重力。上式的物理意义是:液体在重力的驱使下发生流动时,液体的势能一部分用来克服液体对流动的粘滞阻力,一部分转化成液体的动能。因此等式右边的第二项也称为动能校正项。在设计粘度计时,通过调节仪器的几何形状,使动能校正项尽可能小一些,以求与第一项相比可以忽略不计,则

$$\eta = \frac{\pi P R^4 t}{8lV} = \frac{\pi g h R^4 \rho t}{8lV} \tag{13-7}$$

上式称为 Poiseuille(泊肃叶)定律,其中 h 为等效平均液柱高,对同一粘度计而言,其值是一定的。

则相对粘度为

$$\eta_r = \frac{\eta}{\eta_0} = \frac{\rho t}{\rho_0 t} \tag{13-8}$$

又因溶液浓度很稀,溶液与溶剂的密度相差很小,即 $\rho \approx \rho_0$,这样式(13-8)可简化成

$$\eta_r = \frac{t}{t_0} \tag{13-9}$$

这样,由纯溶剂的流出时间 t_0 和溶液的流出时间 t,就可以求出溶液的粘数和对数粘数。

用上述方法测定特性粘数称为外推法或稀释法,其实验工作量是比较大的,也很费时。有时在生产过程中,需要快速测定相对分子质量,或者要测定大量同品种的试样,就可以使用简化的实验,即在一个浓度下测定粘数,然后直接计算出$[\eta]$值,此法称为一点法。一点法常用的计算公式有两个,每个都有自己的前提条件:

其一,如果 $k+\beta=\frac{1}{2}$,则由式(13-2)和式(13-3)联立可得

$$[\eta] = \frac{[2(\eta_{sp}-\ln\eta_r)]^{\frac{1}{2}}}{c} \tag{13-10}$$

其二,令 $\frac{k}{\beta}=\gamma$,且 γ 的值与相对分子质量无关,则由式(13-2)和式(13-3)可得

$$[\eta] = \frac{\eta_{sp}+\gamma\ln\eta_r}{(1+\gamma)c} \tag{13-11}$$

三、仪器和试剂

(1) 乌氏粘度计,恒温槽,秒表,吸耳球,止水夹,移液管。
(2) 被测样品:自由基聚合的聚苯乙烯。
(3) 溶剂:丙酮。

四、准备工作

(1) 溶液的配制 准确秤取一定量的待测样品,用容量瓶配制成浓度在 0.1~1g/dL (1dL=100mL)范围的溶液。
(2) 将恒温槽温度调节至 25℃,并打开电源,使之达到平衡状态。
(为了节约时间,以上准备工作可由指导教师事先做好。)

五、实验步骤

1. 安装粘度计

取一只干燥、洁净的乌氏粘度计,在两根小支管上小心地套上医用乳胶管,将粘度计置于恒温水槽中,并用铁架台固定。注意粘度计应保持垂直,而且毛细管以上的两个小球必须浸没在恒温水面以下。

2. 溶液流出时间的测定

用移液管准确量取 10mL 待测样品的溶液,注入粘度计中,恒温 5min 后,用止水夹封闭连接 C 管的乳胶管,用吸耳球通过乳胶管,将溶液吸至 a 线上方的小球一半被充满为止。拔去吸耳球,并放开止水夹,立即水平注视液面的下降,用秒表记下液面流经 a 线和 b 线的时间即为流出时间。重复测定 3 次,误差不超过 0.2 秒,取平均值,作为该浓度溶液的流出时间。

用移液管准确移取 5mL 溶剂,加入到粘度计中,混合均匀,并把溶液吸至 a 线上方小球

的一半,然后让溶液流下,重复两次。此时粘度计内溶液的浓度是原始浓度的 2/3,待恒温后如前测定其流出时间。按照同样的步骤,再分别加入 5mL、10mL、10mL 溶剂稀释溶液后,分别测定各浓度溶液的流出时间。

3. 溶剂流出时间的测定

将上述测定完的溶液倾入废液桶中,加入 10mL 的溶剂,仔细清洗粘度计的各支管及毛细管,将溶剂倒入废液桶,重复清洗 3 次以上。最后量取 10mL 溶剂,按上述步骤测定溶剂的流出时间。

4. 结束工作

将溶剂倒入废液桶,小心拔下乳胶管,将吸耳球和止水夹放置在水槽旁边,交回秒表,关闭恒温水槽电源,将记录的原始数据交给教师签字。

六、数据处理

用式(13-9)分别计算各不同浓度溶液的粘数和对数粘数,并对浓度作图,得到两条直线,它们应具有相同的截距,求出截距,即为特性粘数。如图 13-2 所示:

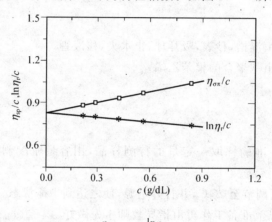

图 13-2 $\dfrac{\eta_{sp}}{c} \sim c$ 和 $\dfrac{\ln\eta_r}{c} \sim c$ 关系图

用式(13-4)计算粘均相对分子质量。

实验13 实验记录及报告

粘度法测定聚合物的粘均相对分子质量

班　级：_____　姓　名：_____　学　号：_____

同组实验者：_____ _____　　　实验日期：_____

指导教师签字：_____　　　　　　　评　分：_____

（实验过程中，认真记录并填写本实验数据，实验结束后，送交指导教师签字）

一、实验数据记录

样品：_____；溶剂：_____；实验温度：_____；
K：_____；α：_____；溶液原始浓度：_____。

溶液浓度	流出时间(s)			
纯溶剂	第一次	第二次	第三次	平均值
c_0				
$2/3\, c_0$				
$1/2\, c_0$				
$1/3\, c_0$				
$1/4\, c_0$				

二、数据处理（包括计算、制表、绘图）

样品	纯溶剂	$1/4\, c_0$	$1/3\, c_0$	$1/2\, c_0$	$2/3\, c_0$	c_0
溶液浓度						
流出时间(s)						
η_r						
$\ln \eta_r$						
$\dfrac{\ln \eta_r}{c}$						
η_{sp}						
$\dfrac{\eta_{sp}}{c}$						

作图：

Huggins 方程：$\dfrac{\eta_{sp}}{c}=[\eta]+\kappa[\eta]^2 c$	$\dfrac{\eta_{sp}}{c}=$	$[\eta]=$	$\kappa=$
Kraemmer 方程：$\dfrac{\ln\eta_r}{c}=[\eta]-\beta[\eta]^2 c$	$\dfrac{\ln\eta_r}{c}=$	$[\eta]=$	$\beta=$

$\overline{M_\eta}=$

三、回答问题及讨论

1. 溶液的原始浓度对测得的粘均相对分子质量有何影响？

2. 为什么要将粘度计的两个小球浸没在恒温水面以下？

3. 为什么说粘度法是测定聚合物相对分子质量的相对方法,在手册中查阅、选用 K、α 值时应注意什么问题。

4. 用一点法处理实验数据,并与外推法的结果进行比较,结合外推法得到的 Huggins、Kramemer 方程常数对结果进行讨论。

实验 14

聚合物溶液粘度的测定

一、实验目的

(1) 了解旋转粘度计的构造；
(2) 了解流体粘度的测定原理；
(3) 掌握流体粘度的测定方法。

二、实验原理

同轴圆筒粘度计又称 Epprecht 粘度计，是测量低粘度流体粘度的一种基本仪器。其原理示意图如图 14-1 所示。

仪器的主要部分由一个圆筒形的容器(外筒)和一个圆筒形的转子(内筒)组成，待测液体装入圆筒形的容器内，半径为 R_1 的内筒由弹簧钢丝悬挂，并以角速度 ω 匀速旋转，如果内筒浸入待测液体部分的深度为 L，则待测液体的粘度可用下式计算：

$$\eta = \frac{M}{4\pi L\omega}\left(\frac{1}{R_1^2} - \frac{1}{R_2^2}\right) \quad (14-1)$$

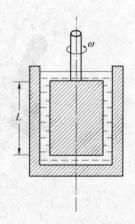

图 14-1 旋转粘度计的简单示意图

其中，R_1 和 R_2 分别为内筒的外径及外筒的内径。M 为内筒受到液体的粘滞阻力而产生的扭矩。这样，通过内筒角速度和扭矩的测定，就可以通过粘度计的几何尺寸计算出液体的粘度。

三、仪器和试剂

1. NDJ—79 旋转式粘度计(上海安得仪器设备有限公司)

本仪器的主要构造和配件如图 14-2 所示。

本仪器共有两组测量器，每组包括一个测定容器(3 或 7)和几个测定转子(9 所示系列)配合，其有关数据见表 14-1。测定时可根据被测液体的大致粘度范围选择适当的测定容器及转子；为取得较高的测试精度，读数最好大于 30 分度而不得小于 20 分度，否则，应该变换转子或测试容器。

指针(5)指示之读数乘以转子系数即为测得的粘度(单位为 mPa·s)，即：

$$\eta = K \cdot a \quad (14-2)$$

式中：η 为待测液体的粘度；K 为系数；a 为指针指示的读数(偏转角度)。

第二测定组用以测定较高粘度的液体，配有三个标准转子(呈圆筒状，各自的因子为 1，10 和 100)，当粘度大于 10 000 mPa·s 时，可配用减速器，以测得更高的粘度。1∶10 的减速器，转子转速为 75 转/分，1∶100 的减速器为 7.5 转/分，最大量程分别为 100 000 mPa·s 和 1 000 000 mPa·s。

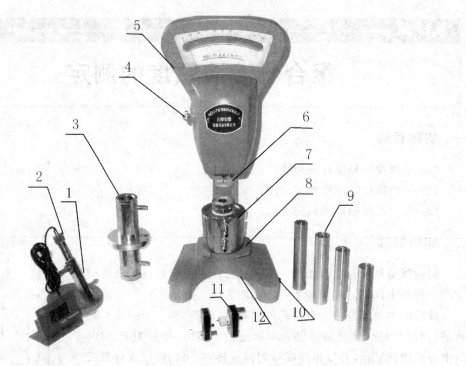

图14-2 NDJ—79型旋转粘度计的构造及配件
1—温度计支架；2—温度计；3—第Ⅲ组测量容器；4—调零螺钉；
5—主机；6—避震器拖架；7—第Ⅱ组测量容器；8—托架；
9—转子 Ⅱ组转子：1、10、100，Ⅲ组转子：01、02、04、05
10—电源开关；11—变速器：1:10→1:100；12—测定器螺母

第三测定组用来测量低粘度液体，量程为 $1\sim50$ mPa·s，共有四个转子（呈圆筒形），供测定各种粘度时选用，四个转子各自的因子为 0.1，0.2，0.4，0.5。

表14-1 各测定组及转子所对应的参数

测定组号	因子	转速(r/min)	量程范围	系数（每一刻度值）	所需试样量（mL）
Ⅱ	1	750	$10\sim10^2$	1	15
	10		$10^2\sim10^3$	10	
	100		$10^3\sim10^4$	100	
	F10×100	75	$10^4\sim10^5$	1 000	
	F100×100	7.5	$10^5\sim10^6$	10 000	
Ⅲ	0.1	750	$1\sim10$	0.1	70
	0.2		$2\sim20$	0.2	
	0.4		$4\sim40$	0.4	
	0.5		$5\sim50$	0.5	

2. 试剂和样品

蒸馏水，浓度分别为 1%，5%，10%（质量）的聚乙烯醇水溶液。

四、准备工作

(1) 松开滚花螺栓,将黄色避震器脱架(6)取下。
(2) 松开测定器螺母,将测定器II(7)从托架取下。
(3) 接通电源:工作电压为220V±22V,50Hz。
(4) 连轴器安装:连轴器是一左旋滚花带勾的螺母,固定于电机同轴的端部。拆装时用专用插杆插入胶木圆盘上的小孔卡住电机轴(使用减速器时测定组则配有短小钩,用于转子悬挂)。
(5) 零点调整:开启电机,使其空转,反复调节调零螺钉,使指针指到零点。
(为了节约时间,以上准备工作可由指导教师事先做好。)

五、实验步骤

1. 蒸馏水粘度的测定

将蒸馏水缓缓地注入第III测试容器中,使液面与测试容器锥形面下部边缘齐平,将转子全部浸入液体,测试容器放在仪器的托架上,同时把转子悬挂在仪器的连轴器上,此时转子应全部浸没于液体中,开启电机,转子旋转可能伴有晃动,此时可前后左右移动托架上的测试容器,使与转子同心从而使指针稳定即可读数。

2. 1%聚乙烯醇溶液粘度的测定

将1%的聚乙烯醇溶液缓缓注入第II测试容器中,按上述步骤读出指针读数。

3. 5%聚乙烯醇溶液粘度的测定

将1∶10的减速器安装在电机轴上,按上述步骤读出指针读数。

4. 10%聚乙烯醇溶液粘度的测定

将1∶100的减速器安装在电机轴上,按上述步骤读出指针读数。

六、数据处理

根据记录的指针读数,乘以相应的转子系数,计算出蒸馏水和聚乙烯醇溶液的粘度,当使用减速器时,还应该乘以减速器的减速倍率。

实验 14 实验记录及报告

聚合物溶液粘度的测定

班　级：_____　姓　名：_____　学　号：_____

同组实验者：_____ _____ _____　实验日期：_____

指导教师签字：_____　　　　　　　　　　评　分：_____

（实验过程中，认真记录并填写本实验数据，实验结束后，送交指导教师签字）

一、实验数据记录

样品：_____；溶剂：_____；实验温度：_____。

样品	读数			系数(K)	减速器倍率
	最大值	最小值	平均值		
蒸馏水					
1%PVA 溶液					
5%PVA 溶液					
10%PVA 溶液					

二、数据处理

根据记录的最大值和最小值，分别计算出相应的平均值；然后乘上相应的转子系数及减速器的倍率，用式 14-2 计算出各样品的粘度。并将数值填写在下表中。

样品	读数(平均值)	系数(K)	减速器倍率	粘度(mPa·s)
蒸馏水				
1%PVA 溶液				
5%PVA 溶液				
10%PVA 溶液				

三、回答问题及讨论

1. 为什么聚合物溶液的粘度要远远大于相应溶剂的粘度?

2. 溶液的浓度如何影响溶液的粘度?

3. 旋转粘度计适合测定什么流体的粘度,为什么?

实验 15

落球法测聚合物熔体零切粘度

一、实验目的

(1) 观察液体的内摩擦现象,学会用落球法测量聚合物熔体的粘度;
(2) 掌握基本仪器(如游标卡尺、螺旋测微仪、秒表、比重计等)的用法。

二、实验原理

粘度是表征高聚物熔体和溶液流动性的指标。高聚物熔体的流动性是影响成型加工的重要因素,并最终会影响高聚物产品的物理力学性能。例如,分子取向对模塑产品、薄膜和纤维的力学性能有很大的影响,而取向的方式和程度主要由成型加工过程中流动场的特点和高聚物的流动行为所决定。因此测定物料的流变性能,了解物料流动性大小及流变规律,对控制成型加工工艺及提高产品质量有着重要意义。

高聚物熔体切粘度的测定方法主要有三种:落球式粘度计、毛细管流变仪和旋转粘度计(同轴圆筒或锥板)。落球式粘度计(ball viscometer)可测定极低切变速率下的切粘度,适合测定具有较高切粘度的牛顿流体。其原理是,当一个半径为 r,密度为 ρ_s 的圆球,在粘度 η、密度为 ρ 的无限延伸的流体(即流体盛于无限大容器中)中运动时,按斯托克斯定律,小球所受阻力为

$$f = 6\pi \eta r v \tag{15-1}$$

式中 v 为小球下落的速度。

圆球在流体中下落的动力为重力与浮力之差,即:

$$F = \frac{4}{3}\pi r^3 (\rho_s - \rho) g \tag{15-2}$$

式中,g 为重力加速度。

动力 F 一方面使小球加速,并以速度 v 运动,另一方面用来克服小球受到的来自流体的粘滞阻力。根据牛顿第二定律可得出圆球运动方程为:

$$\frac{4}{3}\pi r^3 \rho_s \frac{dv}{dt} = \frac{4}{3}\pi r^3 (\rho_s - \rho) g - 6\pi \eta r v \tag{15-3}$$

当达到稳态,即圆球匀速下落时,$\frac{dv}{dt}=0$,因此,从式(15-3)可得:

$$\eta = \frac{2}{9} \times \frac{(\rho_s - \rho) g r^2}{v} \tag{15-4}$$

这就是斯托克斯方程,测定的粘度为零切变速率粘度或简称为零切粘度,在推导此式的过程中作了流体无限延伸的假设,但粘度计的直径 D 是有限的,故必须对管壁进行校正,在低雷诺数(小于 5)范围内,校正公式为

$$\eta = \frac{2}{9} \times \frac{(\rho_s - \rho) g r^2}{v} \left[1 - 2.104 \frac{d}{D} + 2.09 \left(\frac{d}{D} \right)^2 - K \right] \tag{15-5}$$

式中,d 为圆球的直径;K 为修正系数,一般取 2.4,也可由实验确定。

从落球法实验中,得不到切应力、切变速率等基本流变学参数,但由于落球法是在低切

变速率下进行粘度测定的,因此可以作为毛细管流变仪及旋转粘度计在测定流变曲线时低剪切速率下的补充。

三、仪器和试剂

落球粘度计(如图15-1所示),各种规格的小球,游标卡尺,螺旋测微仪,米尺,秒表,比重计,温度计等。

聚丙烯(粒料)。

四、准备工作

(1) 教师课前选定合适的实验条件(小球材质及大小的选择、小球的收尾速度的确定、实验温度、测量修正系数)。

(2) 把落球粘度计升温到预定温度。

图15-1 落球粘度计示意图

五、实验步骤

(1) 确定管外标志线 AA′和 BB′(即图15-1中的a线和b线)。

(2) 待聚合物熔体稳定后,放入小球,注意使小球运动过程中不产生漩涡。测量小球经过两条标志线间的距离 s 所用的时间 t。

六、数据处理

(1) 计算小球的收尾速度 v。

(2) 测定所选高聚物熔体的零切粘度。

七、注意事项

(1) 实验中应保证小球沿圆管的中心轴线下降。

(2) 注意小球通过玻璃管标志线时,要使视线水平,以减少误差。

(3) 每次时间测3次,之间误差不要超过0.2s。

实验15 实验记录及报告

落球法测聚合物熔体零切粘度

班　级：_____　姓　名：_____　学　号：_____

同组实验者：_____　_____　_____　实验日期：_____

指导教师签字：_____　　　　　　　　　评　分：_____

（实验过程中，认真记录并填写本实验数据，实验结束后，送交指导教师签字）

一、实验数据记录

1. 实验条件

实验温度：_____

2. 基本实验参数

样品	聚合物密度 ρ(g/cm³)	小球半径 r(cm)	小球直径 d(cm)	小球密度 ρ(g/cm³)	粘度计直径 D(cm)

3. 测量数据

标志线间距 (cm)	小球经过标志线的时间（平行测定三次）(s)			
	1	2	3	平均值

二、数据处理

1. 计算小球的收尾速度 v

2. 计算熔体的零切粘度 η

将计算出的 v 及相关的实验参数代入式(15-5)中,计算聚合物的熔体粘度。

三、回答问题及讨论

1. 高聚物熔体切粘度的测定方法主要有几种?各有什么适用范围?

2. 如何保证小球沿圆管中心轴线下落?如果下落过程中偏离中心轴线,对实验结果有无影响?

3. 测量的起始点可否选取液面,为什么?

实验 16

凝胶渗透色谱演示

聚合物相对分子质量具有多分散性,即聚合物的相对分子质量存在分布。不同的聚合方法、聚合工艺会使聚合物具有不同的相对分子质量和相对分子质量分布。相对分子质量与聚合物的性能有十分密切的关系,而相对分子质量分布的影响也不可忽视。当今高分子材料已向高性能化发展,类似相对分子质量分布等高一层次的高分子结构的问题,越来越引起人们的重视。

一、实验目的

(1) 了解凝胶渗透色谱的原理;
(2) 了解凝胶渗透色谱的仪器构造和凝胶渗透色谱的实验技术;
(3) 测定聚苯乙烯样品的相对分子质量分布。

二、实验原理

凝胶渗透色谱(Gel Permeation Chromatography,简称 GPC)也称为体积排除色谱(Size Exclusion Chromatography,简称 SEC)是一种液体(液相)色谱。和各种类型的色谱一样,GPC/SEC 的作用也是分离,其分离对象是同一聚合物中不同相对分子质量的高分子组分。当样品中不同相对分子质量的各组分的相对分子质量和含量被确定后,就可得到聚合物的相对分子质量分布,然后可以很方便地对相对分子质量进行统计,得到各种平均值。

一般认为,GPC/SEC 是根据溶质体积的大小,在色谱中由于体积排除效应即渗透能力的差异进行分离。高分子在溶液中的体积决定于相对分子质量、高分子链的柔顺性、支化、溶剂和温度,当高分子链的结构、溶剂和温度确定后,高分子的体积主要依赖于相对分子质量。

凝胶渗透色谱的固定相是多孔性微球,可由交联度很高的聚苯乙烯、聚丙烯酰胺、葡萄糖和琼脂糖的凝胶以及多孔硅胶、多孔玻璃等来制备。色谱的淋洗液是聚合物的溶剂。当聚合物溶液进入色谱后,溶质高分子向固定相的微孔中渗透。由于微孔尺寸与高分子的体积相当,高分子的渗透几率取决于高分子的体积,体积越小渗透几率越大,随着淋洗液流动,它在色谱中走过的路程就越长,用色谱术语就是淋洗体积或保留体积增大。反之,高分子体积增大,淋洗体积减小,因而达到依高分子体积进行分离的目的。基于这种分离机理,GPC/SEC 的淋洗体积是有极限的。当高分子体积增大到已完全不能向微孔渗透时,淋洗体积趋于最小值,为固定相微球在色谱中的粒间体积。反之,当高分子体积减小到对微孔的渗透几率达到最大时,淋洗体积趋于最大值,为固定相微孔的总体积与粒间体积之和,因此只有高分子的体积居于两者之间,色谱才会有良好的分离作用。对一般色谱分辨率和分离效率的评定指标,在凝胶色谱中也沿用。

图 16-1 是 GPC/SEC 的构造示意图,淋洗液通过输液泵成为流速恒定的流动相,进入

紧密装填多孔性微球的色谱柱,中间经过一个可将样品送往体系的进样装置。聚合物样品进样后,淋洗液带动溶液样品进入色谱柱并开始分离,随着淋洗液的不断洗提,被分离的高分子组分陆续从色谱柱中淋出。浓度检测器不断检测淋洗液中高分子组分的浓度响应,数据被记录最后得到一张完整的 GPC/SEC 淋洗曲线。如图 16-2 所示。

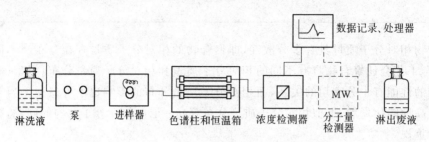

图 16-1　GPC/SEC 的构造

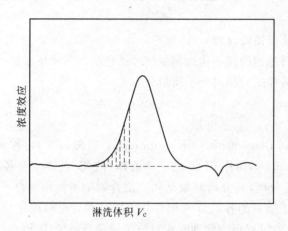

图 16-2　GPC/SEC 淋洗曲线和"切割法"示意图

淋洗曲线表示 GPC/SEC 对聚合物样品依高分子体积进行分离的结果,并不是相对分子质量分布曲线。实验证明淋洗体积和聚合物相对分子质量有如下关系:

$$\ln M = A - BV_e \text{ 或 } \lg M = A' - B'V_e \tag{16-1}$$

式中 M 为高分子组分的相对分子质量,A、B(或 A'、B')与高分子链结构、支化以及溶剂温度等影响高分子在溶液中的体积的因素有关,也与色谱的固定相、体积和操作条件等仪器因素有关,因此式(16-1)称为 GPC/SEC 的标定(校正)关系。式(16-1)的适用性还限制在色谱固定相渗透极限以内,也就是说相对分子质量过高或太低都会使标定关系偏离线性。一般需要用一组已知相对分子质量的窄分布的聚合物标准样品(标样)对仪器进行标定,得到在指定实验条件,适用于结构和标样相同的聚合物的标定关系。

三、仪器和试剂

(1) 组合式 GPC/SEC 仪(美国 Waters 公司),电子天平,13mm 微孔过滤器,配样瓶,注射针筒等。
(2) 四氢呋喃(AR)(淋洗液),悬浮聚合的聚苯乙烯(被测样品),窄相对分子质量分布的聚苯乙烯(标准样品)。

四、准备工作

1. 样品配制

选取 10 个不同相对分子质量的标样,按相对分子质量顺序 1,3,5,7,9 和 2,4,6,8,10 分为两组,每组标样分别称取约 2mg 混在一个配样瓶中,用针筒注入约 2mL 溶剂,溶解后用装有 0.45 微米孔径的微孔滤膜的过滤器过滤。

在配样瓶中称取约 4mg 被测样品,注入约 2mL 溶剂,溶解后过滤。

2. GPC/SEC 的标定

待仪器基线稳定后,用进样针筒先后将两个混合标样进样,进样量为 $100\mu L$,等待色谱淋洗,最后得到完整的淋洗曲线。从两张淋洗曲线确定共 10 个标样的淋洗体积。

作 $\lg M$-V_e 图,得 GPC/SEC 标定关系。

五、实验步骤

1. 仪器观摩

了解 GPC/SEC 仪各组成部分的作用和大致结构,了解实验操作要点。设定淋洗液流速为 1.0mL/min,柱温和检测温度为 30℃。了解数据处理系统的工作过程,但本实验将数据处理系统仅用作记录仪,数据处理由人工完成,以便加深对相对分子质量分布的概念和 GPC/SEC 的认识。

2. 样品测定

将样品溶液进样,得到淋洗曲线后,确定基线,用"切割法"进行数据处理,切割块数应在 20 以上。

六、数据处理

GPC/SEC 的数据处理,一般采用"切割法"。在谱图中确定基线后,基线和淋洗曲线所包围的面积是被分离后的整个聚合物,以横坐标对这块面积等距离切割。切割的含义是把聚合物样品看成由若干个具有不同淋洗体积的高分子组分所组成,每个切割块的归一化面积(面积分数)是高分子组分的含量,切割块的淋洗体积通过标定关系可确定组分的相对分子质量,所有切割块的归一化面积和相应的相对分子质量列表或作图,得到完整的聚合物样品的相对分子质量分布结果。因为切割是等距离的,所以用切割块的归一化高度就可以表示组分的含量。切割密度会影响结果的精度,当然越高越好,但是一般认为,一个聚合物样品切割成 20 块以上,对相对分子质量分布描述的误差已经小于 GPC/SEC 方法本身的误差。当用计算机记录、处理数据时,可设定切割成近百块。用相对分子质量分布数据,很容易计算各种平均相对分子质量,如 $\overline{M_n}$ 和 $\overline{M_w}$。

$$\overline{M_n} = \frac{1}{\sum_{i=1}^{n}\frac{W_i}{M_i}} = \frac{\sum_i H_i}{\sum_i \frac{H_i}{M_i}} \qquad (16-2)$$

$$\overline{M_w} = \sum_{i=1}^{n} W_i M_i = \frac{\sum_i H_i M_i}{\sum_i H_i} \tag{16-3}$$

式中，H_i 是切割块的高度。

根据式(16-2)、式(16-3)计算出样品的数均和重均相对分子质量，并计算多分散系数 d。

实验16 实验记录及报告

凝胶渗透色谱演示

班　级：_____　姓　名：_____　学　号：_____

同组实验者：_____　_____　实验日期：_____

指导教师签字：_____　　　　　　　　评　分：_____

（实验过程中，认真记录并填写本实验数据，实验结束后，送交指导教师签字）

一、实验数据记录

1. 实验条件

标样	淋洗液	色谱柱	柱温	溶液浓度	进样量	流速

2. 标准样品数据记录

标准样品序号	相对分子质量(M)	淋洗体积(V_e)
1		
2		
3		
4		
5		
6		
7		
8		
9		
10		

二、数据处理

1. 标准曲线的绘制

根据记录的 10 个标准样品的相对分子质量 M 和 V_e，作 $\lg M - V_e$ 图，得到标准曲线(将图画在右边空白处)。

2. 淋洗曲线分割及计算

将待测样品的 GPC 淋洗曲线切割成间隔相等的 20 条块，将相应的数据记录在下表中。

切割块序号	V_{ei}	H_i	M_i	H_iM_i	H_i/M_i
1					
2					
3					
4					
5					
6					
7					
8					
9					
10					
11					
12					
13					
14					
15					
16					
17					
18					
19					
20					

3. 计算

根据上表中记录的数据，计算 $\sum_i H_i$、$\sum_i H_i M_i$ 和 $\sum_i \dfrac{H_i}{M_i}$，并计算出样品的数均相对分子质量 $\overline{M_n}$、质均相对分子质量 $\overline{M_w}$ 和多分散系数 d。

三、回答问题及讨论

1. 在用 GPC 测定聚合物相对分子质量时，为什么要用标准样品进行校正？

2. 为什么在凝胶渗透色谱实验中，样品溶液的浓度不必准确配制？

实验 17

溶胀法测定交联聚合物的溶度参数和交联度

一、实验目的

(1) 理解聚合物溶度参数和交联密度的物理意义；
(2) 了解溶胀度法测定聚合物溶度参数及交联密度的基本原理；
(3) 掌握质量法测定交联聚合物溶胀度的方法；
(4) 学会由平衡溶胀度估算交联聚合物的交联密度。

二、实验原理

1. 聚合物的溶度参数

小分子化合物的溶度参数，可由测得的汽化热，根据定义直接计算出来。而高聚物不能汽化，其溶度参数也就不能直接由汽化热直接测出，只能用间接的方法测定，平衡溶胀度法是测定聚合物溶度参数的常用方法之一。

交联聚合物在溶剂中不能溶解，但可以吸收溶剂而溶胀，形成凝胶。在溶胀过程中，一方面溶剂力图渗入高聚物内使其体积膨胀；另一方面，由于交联高聚物体积膨胀导致网状分子链向三维空间伸展，使分子网受到应力而产生弹性收缩能，力图使分子网收缩。当这两种相反的倾向相互抵消时，就达到了溶胀平衡。交联高聚物在溶胀平衡时的体积与溶胀前的体积之比称为溶胀度 Q。

溶胀的凝胶可视为聚合物的浓溶液，根据热力学原理，交联聚合物在溶剂中溶胀的必要条件是混合自由能 $\Delta G<0$，而：

$$\Delta G_m = \Delta H_m - T\Delta S_m \tag{17-1}$$

式中 ΔH_m 和 ΔS_m 分别为混合过程中的焓和熵的变化，T 为体系的温度。因混合过程的 ΔS_m 为正值，故 $T\Delta S_m$ 必为正值。显然，要满足 $\Delta G<0$，必须使 $\Delta H_m < T\Delta S_m$。

对于非极性聚合物与非极性溶剂的混合，若不存在氢键，则 ΔH_m 总是正值，假定混合过程中没有体积变化，则 ΔH_m 服从以下的关系式：

$$\Delta H_m = \phi_1 \phi_2 (\delta_1 - \delta_2)^2 V \tag{17-2}$$

式中的 ϕ_1 和 ϕ_2 分别为溶胀体中溶剂和聚合物的体积分数；δ_1 和 δ_2 分别为溶剂和聚合物的溶度参数；V 是溶胀体的总体积。

由式 17-2 可见，δ_1 与 δ_2 越接近，ΔH_m 值越小，越能满足 $\Delta G<0$。当 $\delta_1 = \delta_2$ 时，$\Delta H_m = 0$，此时交联网的溶胀度达到最大值。

若把交联度相同的某种高聚物置于一系列溶度参数不同的溶剂中，让它在恒定温度下充分溶胀，然后测定其平衡溶胀度 Q，由于聚合物的溶度参数与各溶剂的溶度参数之差不等，交联聚合物在各种溶剂中的溶胀程度也不同，因此在溶度参数 δ_1 不同的各种溶剂中，交联高聚物应具有不同的 Q 值。如果将交联聚合物在一系列不同溶剂中的平衡溶胀度 Q 对相应溶剂的溶度参数 δ_1 作图，Q 必出现极大值。根据上述原理，只有当溶剂的溶度参数 δ_1 与高聚物的溶度参数 δ_2 相等时，溶胀性能最好，即 Q 最大。因此，极大值所对应的溶度参数即可作为聚合物的溶度参数。

2. 交联聚合物的交联度（交联密度）

交联高聚物在溶剂中的平衡溶胀比与温度、压力、高聚物的交联度及溶质、溶剂的性质有关。交联高聚物的交联度，通常用相邻两个交联点之间的链的平均相对分子质量 $\overline{M}_c$（即有效网链的平均相对分子质量）来表示。

从溶液的似晶格模型理论和橡胶弹性的统计理论出发，可推导出溶胀度与 $\overline{M}_c$ 之间的定量关系为：

$$\overline{M}_c = -\frac{\rho_2 V_1 \phi_2^{\frac{1}{3}}}{[\ln(1-\phi_2)+\phi_2+\chi_1\phi_2^2]} \tag{17-3}$$

上式就是橡胶的溶胀平衡方程，式中 ρ_2 是高聚物溶胀前的密度；V_1 是溶剂的摩尔体积；χ_1 是高分子—溶剂之间的相互作用参数，ϕ_1 是溶胀体中溶剂的体积分数；ϕ_2 是溶胀体中高聚物的体积分数，也就是平衡溶胀度的倒数。

$$\phi_2 = Q^{-1} \tag{17-4}$$

对于交联度不高的聚合物，$\overline{M}_c$ 较大，在良溶剂中 Q 可以大于 10，ϕ_2 很小，将式 17-3 中的 $\ln(1-\phi_2)$ 展开，略去高次项，可得如下的近似式：

$$Q^{\frac{5}{3}} = \frac{\overline{M}_c}{\rho_2 V_1}\left(\frac{1}{2}-\chi_1\right) \tag{17-5}$$

如果 χ_1 值已知，则从交联高聚物的平衡溶胀比 Q 可求得交联点之间的平均相对分子质量 $\overline{M}_c$，反之，如果 $\overline{M}_c$ 已知，则可从平衡溶胀比求得参数 χ_1。

Q 值可根据交联高聚物溶胀前后的体积或质量求得：

$$Q = \frac{v_1+v_2}{v_2} = \frac{\left(\dfrac{w_1}{\rho_1}+\dfrac{w_2}{\rho_2}\right)}{\dfrac{w_2}{\rho_2}} \tag{17-6}$$

式中 v_1 和 v_2 分别是溶胀体中溶剂和聚合物的体积；w_1 和 w_2 分别为溶胀体中溶剂和聚合物的质量。

三、仪器和试剂

(1) 分析天平，秤量瓶，镊子，溶胀管，恒温槽。
(2) 交联天然橡胶，正庚烷，环己烷，四氯化碳，苯，正庚醇。

四、准备工作

(1) 先用分析天平将 5 只洁净的空秤量瓶秤重，然后分别放入一块交联橡胶试样，再秤重一次，记录质量，并求得各试样的质量（干胶重）。
(2) 将秤重后的试样分别置于 5 只溶胀管内，每管加入一种溶剂 15~20mL，盖紧管塞后，放入 (25±0.1)℃ 的恒温槽内，让其恒温溶胀 10 天。

五、实验步骤

(1) 10 天后,溶胀基本上达到平衡,取出溶胀体,迅速用滤纸吸干表面的多余溶剂,立即放入秤量瓶内,盖上磨口盖后秤量,然后再放回原溶胀管内使之继续溶胀。

(2) 每隔 3h,用同样方法再秤一次溶胀体的质量,直至溶胀体两次秤重结果之差不超过 0.01g 时为止,此时可认为已达溶胀平衡。

六、数据处理

(1) 从有关手册上查出天然橡胶的密度 ρ_2 和各种溶剂的密度 ρ_1 及溶度参数 δ_1,由式(17-6)计算出天然橡胶在各种溶剂中的溶胀度 Q。

(2) 做 Q-δ 图,确定 Q 的极大值点,找出极大值 Q 所对应的溶度参数,它就是天然橡胶的溶度参数 δ_2。

(3) 查出天然橡胶与某种溶剂间的相互作用参数 χ_1,根据式(17-5)计算出天然橡胶的交联密度($\overline{M}_c$)。

(4) 由计算出的 $\overline{M}_c$ 值,再根据式(17-5)计算出天然橡胶与另外几种溶剂之间的相互作用参数。

实验 17 实验记录及报告

溶胀法测定交联聚合物的溶度参数和交联度

班 级：_____ 姓 名：_____ 学 号：_____

同组实验者：_____ _____ 实验日期：_____

指导教师签字：_____ 评 分：_____

（实验过程中，认真记录并填写本实验数据，实验结束后，送交指导教师签字）

一、实验数据记录

1. 实验条件

样品名称：_____ 溶剂：_____ 实验温度：_____

2. 秤重记录

序号	溶剂名称	空瓶质量(g)	瓶与胶总质量(g)	干胶质量(g)	溶胀后质量(g)			
					第一次	第二次	第三次	第四次
1								
2								
3								
4								
5								

二、数据处理（包括计算、制表、绘图）

1. 计算平衡溶胀度

从有关手册上查出天然橡胶的密度 ρ_2 和各种溶剂的密度 ρ_1 及溶剂的溶度参数 δ_1，并填写于下表中。

取溶胀体最后两次秤得的质量的平均值，作为溶胀体的质量，根据溶胀前干胶的质量，计算出溶胀体内溶剂的质量，并根据聚合物的密度和溶剂的密度，计算出溶胀体内聚合物和溶剂的体积，然后计算出相应的平衡溶胀比，将计算结果一并填入下表中。

天然橡胶的密度 $\rho_2 =$ _____ (g/cm^3)

序号	w_2 (g)	溶胀体质量(g)	w_1 (g)	ρ_1 (g/cm³)	v_2 (cm³)	v_1 (cm³)	Q	δ_1
1								
2								
3								
4								
5								

2. 确定天然橡胶的溶度参数 δ_2

用上表中的 Q 对 δ_1 作图，确定 Q 的极大值，找出极大值所对应的 δ_1，作为天然橡胶的溶度参数 $\delta_2 =$ _____。

3. 计算天然橡胶的 $\overline{M}_c$ 值

若天然橡胶-苯之间的相互作用参数 $\chi_1 = 0.44$，计算天然橡胶的 $\overline{M}_c$ 值。

三、回答问题及讨论

1. 若所用天然橡胶试样的 $\overline{M}_c$ 相同,用计算得到的 $\overline{M}_c$ 值,再用式 17-5 计算天然橡胶与另外几种溶剂之间的相互作用参数,并将结果填写在表中(写出一个计算实例)。

聚合物	天然橡胶			
溶剂				
相互作用参数				

2. 从有关手册中查出摩尔引力常数,用摩尔引力常数法计算出天然橡胶的溶度参数 δ_2,并与实验测得的结果比较。

3. 已知天然橡胶-苯之间的相互作用参数 $\chi_1 = 0.44$,试用近似式(17-5)计算天然橡胶的 $\overline{M}_c$,并与式(17-3)计算的结果比较,根据测得的 Q 值对结果进行讨论。

实验 18

聚合物薄膜透气性的测定

一、实验目的

(1) 了解气相色谱法测聚合物薄膜透气性的原理;
(2) 掌握聚合物薄膜透气性的测量方法。

二、实验原理

气体透过聚合物薄膜的一般过程,先是气体溶解于固体薄膜中,然后在薄膜中向低密度处扩散,最后从薄膜的另一面蒸发。因此,聚合物的透气性一方面取决于扩散系数,另一方面决定于气体在聚合物中的溶解度。在扩散气体浓度较低,扩散系数不依赖于浓度变化的情况下,根据 Fick 的扩散方程,单位时间、单位面积的气体透过量与浓度梯度成正比:

$$\frac{q}{A \cdot t} = -D \cdot \frac{dc}{dx} \tag{18-1}$$

式中 q——气体扩散透过量(cm^3);

D——扩散系数(cm^3/s);

$\frac{dc}{dx}$——薄膜中 dx 厚度内气体的浓度梯度;

A——薄膜的面积(cm^2)

t——时间(s)。

如图 18-1 所示,假定薄膜厚度为 l(cm),p_1 为高压侧压力(cm 汞柱),p_2 为低压侧压力,相应于薄膜中气体的浓度分别为 c_1, c_2(cm^3/cm^3 固体),若单位面积、单位时间的气体透过量为 J,即

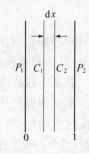

图 18-1 气体透过薄膜示意图

$$J = \frac{q}{A \cdot t} \tag{18-2}$$

由式 18-1 积分后可得

$$J = \frac{D(c_1 - c_2)}{l} \tag{18-3}$$

由于薄膜中气体的浓度非常小,因此可用 Henry 定律来表示气体浓度与相互平衡的压力间的关系,即:

$$c = S \cdot p \tag{18-4}$$

式中,c 为气体在薄膜表面的浓度,p 为与薄膜表面接触的气体的压力,S 为气体在薄膜中的溶解度系数。

假定气体在薄膜中的溶解度系数是常数,则有:

$$c_1 = S \cdot p_1 \tag{18-5}$$

$$c_2 = S \cdot p_2 \tag{18-6}$$

则式(18-3)变成：

$$J = D \cdot S \cdot \frac{p_1 - p_2}{l} \quad (18-7)$$

令 $P_g = D \cdot S$，则：

$$J = P_g \cdot \frac{p_1 - p_2}{l} \quad (18-8)$$

比例系数 P_g 称为透气系数，它表示单位时间、单位压力差下，通过单位厚度、单位面积的气体量，其单位是：$cm^3 \cdot cm/(cm^2 \cdot s \cdot cmHg)$。

测量透气性系数的一般方法是：将薄膜支撑在透气池中（如图18-2所示），在膜的一边加一个恒定的气体压力，而膜的另一边保持在低压下。高压侧的气体通过薄膜向低压侧扩散，然后测定低压侧中气体压力随时间的变化，计算出透气系数 P_g。

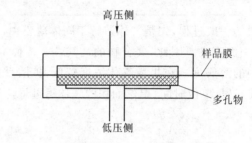

图18-2　透气池剖面图

用气相色谱法测定透气性与常用方法不同的是：透过薄膜的气体量直接由色谱方法来测量，然后根据薄膜的面积和透过时间计算透气系数。

其基本过程与普通的气相色谱一样，固定相是表面有一定活性的吸附剂，流动相是气体。不同的是使用了一个六通阀将透气池与色谱柱相连。六通阀关闭时，载气经热导池直接流过色谱柱，再从热导池另一臂流出。经一定时间后，扳动六通阀，使载气流过透气池的"透气室"一侧将透过薄膜的气体带入色谱柱，再进入热导池的测量臂，由于载气与实验气体的热导系数不同，则在记录仪上就出现了一个色谱峰。根据峰面积从标准曲线上查得透过气体的量，然后就可以计算透气系数。

三、仪器和试剂

（1）气相色谱仪。
（2）薄膜试样：PP，PET。

四、准备工作

（1）装柱：取60～80目5A型（或13X型）分子筛2g左右（预先在550℃～600℃的马弗炉中烘2h），装入内径为3mm、长1m的不锈钢柱内。
（2）样品准备：根据透气池的尺寸，将几种薄膜裁剪成直径为7.5cm的圆形样品。

五、实验步骤

1. 标准曲线的测量

打开载气钢瓶,调节柱前压为 0.75kg/cm² 左右,调节热导池桥电流为 120 mA(电流可根据信号大小调节),控制色谱柱温度在 25℃。待仪器一切正常,基线稳定后,即可进行标准曲线的测定:用微量注射器从灌有渗透气体(可根据实验条件选择)的球胆中抽取 10 μL 气体,从气体入口处注入色谱仪。从记录纸上求出相应的峰面积。同样再分别取 20,30,40,50 μL 的渗透气体,依次注入色谱仪,并分别求出各自对应的峰面积。

2. 测透气量

将聚合物薄膜夹入透气池中,用六通阀将透气池接入气路中。

先将六通阀拉杆拉起,用载气将透气池清洗干净,待基线回到原处后,把六通阀关上。然后打开渗透气的活塞(使加在薄膜上的渗透压力为 0.9 kg/cm² 左右,视具体情况决定),同时将秒表按下,开始记录透气时间。2min 后将六通阀拉起,这时载气就将透过薄膜的气体带入色谱柱,流经热导池的测量臂,由于渗透气与载气的导热系数不同,记录仪上即出现一色谱峰。计算峰面积,从标准曲线上查得气体体积,此体积即为 2min 内透过薄膜的气体量,以后每隔 2min 进样一次,取平均值。

六、数据处理

先根据注入的渗透气体的体积及对应的色谱峰面积,用体积对色谱峰面积作图,得一直线,该直线即为标准曲线。

当渗透气体从薄膜透过时,根据色谱峰的面积,从标准曲线上求出对应的体积,即为规定时间里透过气体的体积,然后按下式计算透气系数:

$$P_g = \frac{T_0 \cdot p_{大} \cdot V \cdot l}{p_{标} \cdot T \cdot A \cdot t \cdot p_{渗}} \tag{18-9}$$

式中　$p_{大}$——大气压力(cmHg,1cmHg=13Pa);

　　　$p_{标}$——标准状态大气压(cmHg,1cmHg=13Pa);

　　　T_0——摄氏零度(273 K);

　　　t——时间(s);

　　　T——测量温度(K);

　　　V——透过薄膜的气体体积(cm³);

　　　$p_{渗}$——渗透气的绝对压力(cmHg)。

实验18 实验记录及报告

聚合物薄膜透气性的测定

班　级：_____　　姓　名：_____　　学　号：_____

同组实验者：_____ _____ _____　　实验日期：_____

指导教师签字：_____　　　　　　　　　　　　评　分：_____

（实验过程中，认真记录并填写本实验数据，实验结束后，送交指导教师签字）

一、实验数据记录

1. 实验条件

载气名称：_____；压力：_____；流速：_____；温度：_____。

2. 样品尺寸

薄膜名称	PP	PET
薄膜面积（cm^2）		
薄膜厚度（cm）		

3. 标定

序号	1	2	3	4	5	6	7
气体体积（μL）							
峰面积（cm^2）							

4. 透气量的测定

样品	PP				PET			
实验序次	1	2	3	4	1	2	3	4
渗透气压力（kg/cm^2）								
透过时间（s）								
峰面积（cm^2）								
体积（μL）								

二、数据处理(包括计算、制表、绘图)

1. 标准曲线的绘制

将注入的气体体积及对应的峰面积填写在表 3 中,用体积对峰面积作图,即得到标准曲线。

2. 计算透气量

先根据透过薄膜气体的色谱峰,计算相应的峰面积,并填写在表 4 中,由得到的峰面积,对照标准曲线,确定相应的透过气体的体积,将数据也填写在表 4 中。

将表 1 至表 4 的数据,汇总填写到下表中,并根据式(18-9)计算透气系数(列举一个计算过程),最后取平均值,作为 PP 膜和 PET 膜的透气系数。

常数	$T_0=$ (K); $p_大=$ (cmHg)				$T=$ (K) $p_标=$ (cmHg)			
样品	PP				PET			
实验序次	1	2	3	4	1	2	3	4
渗透气压力(kg/cm^2)								
透过时间 (s)								
薄膜面积 (cm^2)								
薄膜厚度 (cm)								
体积 (μL)								
透气系数								
平均值 ($cm^3 \cdot cm/cm^2 \cdot s \cdot cmHg$)								

三、回答问题及讨论

1. 举例说明在哪些应用领域要求薄膜的透气性要小？在哪些领域要求薄膜的透气性要好？

2. 渗透气体的压力对薄膜的透气性有什么影响？

实验 19　差示扫描量热法

差热分析（Differential Thermal Analysis）是在温度程序控制下测量试样与参比物之间的温度差随温度变化的一种技术，简称 DTA。在 DTA 基础上发展起来的是差示扫描量热法（Differential Scanning Calorimetry），简称 DSC。差示扫描量热法是在温度程序控制下，测量试样与参比物在单位时间内能量差随温度变化的一种技术。

DTA、DSC 在高分子方面的应用特别广泛，试样在受热或冷却过程中，由于发生物理变化或化学变化而产生热效应，在差热曲线上就会出现吸热或放热峰。试样发生力学状态变化时（例如由玻璃态转变为高弹态），虽无吸热或放热现象，但比热有突变，表现在差热曲线上是基线的突然变动。试样内部这些热效应均可用 DTA、DSC 进行检测，发生的热效应大致可归纳为：

（1）吸热反应。如结晶、蒸发、升华、化学吸附、脱结晶水、二次相变（如高聚物的玻璃化转变）、气态还原等。

（2）放热反应。如气体吸附、氧化降解、气态氧化（燃烧）、爆炸、再结晶等。

（3）可能发生的放热或吸热反应。结晶形态的转变、化学分解、氧化还原反应、固态反应等。

DTA、DSC 在高分子方面的主要用途是：一是研究聚合物的相转变过程，测定结晶温度 T_c、熔点 T_m、结晶度 X_c、等温结晶动力学参数；二是测定玻璃化转变温度 T_g；三是研究聚合、固化、交联、氧化、分解等反应，测定反应温度或反应温区、反应热、反应动力学参数等。

一、实验目的

（1）了解 DSC 的基本原理，通过 DSC 测定聚合物的加热及冷却谱图；

（2）通过 DSC 测定聚合物的 T_g、T_m、T_c。

二、实验原理

1. DTA

DTA 通常由温度程序控制、变换放大、气氛控制、显示记录等部分组成，此外还有数据处理部分。参比物应选择那些在实验温度范围内不发生热效应的物质，如 Al_2O_3、石英、硅油等。把参比物和试样同置于加热炉中的托架上等速升温时，若试样不发生热效应，在理想情况下，试样温度和参比物温度相等，$\Delta T=0$，差示热电偶无信号输出，记录仪上记录温差的笔仅划一条直线，称为基线。另一支笔记录参比物温度变化。而当试样温度上升到某温度发生热效应时，试样温度与参比物温度不再相等，$\Delta T \neq 0$，差示热电偶有信号输出，这时就偏离基线而划出曲线。由记录仪记录的 ΔT 随温度变化的曲线称为差热曲线。在 DTA 曲线上，由峰的位置可确定发生热效应的温度，由峰的面积可确定热效应的大小，峰的形状可了解有关过程的动力学特性。

2. DSC

DSC又分为功率补偿式DSC和热流式DSC、热通量式DSC。后两种在原理上和DTA相同，只是在仪器结构上作了很大改进。图19-1是功率补偿式DSC示意图。差示扫描量热法(DSC)与差热分析(DTA)在仪器结构上的主要不同是仪器中增加了一个差动补偿放大器，以及在盛放样品和参比物的坩埚下面装置了补偿加热丝，其他部分均和DTA相同。

当试样发生热效应时，如放热，试样温度高于参比物温度，放置在它们下面的一组差示热电偶产生温差电势，经差热放大器放大后送入功率补偿放大器，功率补偿放大器自动调节补偿加热丝的电流，使试样下面的电流减小，参比物下面的电流增大。降低试样的温度，增高参比物的温度，使试样与参比物之间的温差ΔT趋与零。上述热量补偿能及时、迅速完成，使试样和参比物的温度始终维持相同。

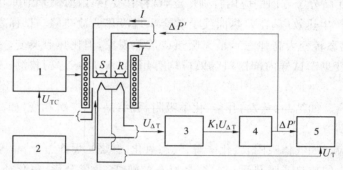

图19-1　功率补偿式DSC示意图
1—温度程序控制器；2—气氛控制；3—差热放大器；
4—功率补偿放大器；5—记录仪

设两边的补偿加热丝的电阻值相同，即$R_s = R_R = R$，补偿电热丝上的电功率为$P_s = I_s^2 R$和$P_R = I_R^2 R$。当样品无热效应时，$P_s = P_R$。当样品有热效应时，P_s和P_R之差ΔP能反映样品放(吸)热的功率：

$$\Delta P = P_s - P_R = I_s^2 R - I_R^2 R = (I_s^2 - I_R^2)R = (I_s + I_R)(I_s - I_R)R$$
$$= (I_s + I_R)\Delta V = I\Delta V \tag{19-1}$$

由于总电流$(I_s + I_R)$为恒定值，所以样品放(吸)热的功率ΔP只与ΔV成正比。记录ΔP随温度T(或时间t)的变化就是试样放热速度(或吸热速度)随T(或t)的变化，这就是DSC曲线。在DSC中，峰的面积是维持试样与参比物温度相等所需要输入的电能的真实量度，它与仪器的热学常数或试样热性能的各种变化无关，可进行定量分析。

DSC曲线的纵坐标代表试样放热或吸热的速度，即热流速度，单位是mJ/s，试样放热或吸热的热量为

$$\Delta Q = \int_{t_1}^{t_2} \Delta P' dt \tag{19-2}$$

式(19-2)右边的积分就是峰的面积A，是DSC直接测量的热效应热量。但试样和参比物与补偿加热丝之间总存在热阻，补偿的热量有些漏失，因此热效应的热量应修正为$\Delta Q = KA$。K称为仪器常数，可由标准物质实验确定。这里的K不随温度、操作条件而变，这就是DSC比DTA定量性能好的原因。同时试样和参比物与热电偶之间的热阻可做得尽可能的小，这就使DSC对热效应的响应快、灵敏，峰的分辨率好。

3. DSC 曲线

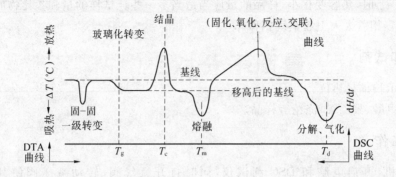

图 19-2 高聚物的 DTA 或 DSC 曲线示意图

图 19-2 是聚合物 DTA 曲线或 DSC 曲线的模式图。当温度升高,达到玻璃化转变温度 T_g 时,试样的热容由于局部链节移动而发生变化,一般为增大,所以相对于参比物,试样要维持与参比物相同温度就需要加大试样的加热电流。由于玻璃化温度不是相变化,曲线只产生阶梯状位移,温度继续升高,试样发生结晶则会释放大量结晶热而出现吸热峰。再进一步升温,试样可能发生氧化、交联反应而放热,出现放热峰,最后试样则发生分解、吸热、出现吸热峰。并不是所有的聚合物试样都存在上述全部物理变化和化学变化。

确定 T_g 的方法是由玻璃化转变前后的直线部分取切线,再在实验曲线上取一点,如图 19-3(a),使其平分两切线间的距离 A,这一点所对应的温度即为 T_g。T_m 的确定,对低分子纯物质来说,像苯甲酸,如图 19-3(b),由峰的前部斜率最大处作切线与基线延长线相交,此点所对应的温度取作为 T_m。对聚合物来说,如图 19-3(c)所示,由峰的两边斜率最大处引切线,相交点所对应的温度取作为 T_m,或取峰顶温度作为 T_m。T_c 通常也是取峰顶温度。峰面积的取法如图 19-3 中(d)、(e)所示。可用求积仪或数格法、剪纸称重法量出面积。如果峰前峰后基线基本水平,峰对称,其面积以峰高乘半宽度,即 $A = h \times \Delta t_{1/2}$,如图 19-3(f)所示。如果 100% 结晶试样的熔融热 ΔH_f^* 已知,则试样的结晶度可以用下式计算:

$$结晶度 \ X_D = \Delta H_f / \Delta H_f^* \times 100\% \tag{19-3}$$

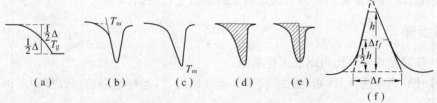

图 19-3 T_g、T_m 和峰面积的确定

4. 影响实验结果的因素

DSC 的原理和操作都比较简单,但取得精确的结果却很不容易,因为影响因素太多,这些因素有仪器因素、试样因素。仪器因素主要包括炉子大小和形状、热电偶的粗细和位置、加热速度、记录纸速度、测试时的气氛、盛放样品的坩埚材料和形状等。试样因素主要包括颗粒大小、热导性、比热、填装密度、数量等。在固定一台仪器时,仪器因素中的主要影响因

素是加热速度,样品因素中主要是样品的数量,在仪器灵敏度许可的情况下,试样应尽可能的少。在测 T_g 时,热容变化小,样品的量应当适当多一些。试样的量和参比物的量要匹配,以免两者热容相差太大引起基线飘移。

三、仪器和试剂

(1) 差示扫描量热仪。
(2) 苯甲酸、聚乙烯、涤纶等样品。

四、准备工作

(1) 开机:开启电脑和 DSC 测试仪,同时打开氮气阀,转动减压阀使其读数为 0.05MPa。
(2) 制样:取适量样品并称量,将称好的样品用镊子放入坩埚中,用压片机压制。一般测量玻璃化转变样品可取多些,可在 15mg 左右;测试熔融温度时样品量应少,5mg 左右足够。用镊子夹取坩埚时要小心,防止坩埚的损坏,如在测试过程中有气体跑出,可在坩埚上盖扎一个小孔。
(3) 打开测试软件,建立新的测试窗口和测试文件。
(4) 设定测量参数:测量类型:样品;操作者:×××;材料:×××;样品编号:×××; 样品名称:×××; 样品质量:×××。
(5) 打开温度校正文件和灵敏度校正文件。
(6) 设定程序温度:
程序:初始设定→动态设定→结束设定。设定程序温度时,初始温度要比测试过程中出现的第一个特征温度至少低 50℃~60℃,一般选择升温步长为 10℃/min 或者 20℃/min。程序条件:选定 STC,吹扫气 2 和保护气。
(6) 定义测试文件名。
(7) 初始化工作条件:当温度高于室温时可以打开控制开关,选用压缩机冷却;若需从低温测起可开启液氮装置,但不宜开得太大,而且可以在高于设定温度时即可关闭,等其降至最低然后升至设定温度时开始进行测试。

五、实验步骤

(1) 将样品坩埚和参比坩埚放入样品池。
(2) 在计算机中选择"开始"测试,仪器自动开始运行,运行结束后可以打印所得到的谱图。
(3) 用随机软件处理谱图,确定样品的玻璃化温度、结晶温度及熔融温度。
(4) 测试完毕关仪器时,顺序没有特别要求,退出程序即可。

六、数据处理

由 DSC 曲线确定样品的玻璃化温度、结晶温度及熔融温度,并求其熔融热 ΔH_f。

实验 19　实验记录及报告

差示扫描量热法

班　级：_____　姓　名：_____　学　号：_____

同组实验者：_____　_____　实验日期：_____

指导教师签字：_____　　　　　　　　评　分：_____

（实验过程中，认真记录并填写本实验数据，实验结束后，送交指导教师签字）

一、实验数据记录

　　（1）试样质量：

　　（2）升温速度：

二、数据处理

　　由 DSC 图确定样品的玻璃化温度、结晶温度及熔融温度。

三、回答问题及讨论

差动热分析(DSC)的基本原理是什么?在聚合物的研究中有哪些用途?

实验 20

聚合物温度-形变曲线的测定

一、实验目的

(1) 掌握测定聚合物温度-形变曲线的方法;
(2) 测定聚甲基丙烯酸甲酯(PMMA)的玻璃化温度 T_g,粘流温度 T_f,加深对线型非晶聚合物的三种力学状态理论的认识。

二、实验原理

聚合物试样上施加恒定荷载,在一定范围内改变温度,试样的形变将随温度变化,以形变或相对形变对温度作图,所得的曲线,通常称为温度-形变曲线,又称为热机械曲线。

材料的力学性质是由其内部结构通过分子运动所决定的,测定温度-形变曲线,是研究聚合物力学性质的一种重要的方法。聚合物的许多结构因素(包括化学结构、相对分子质量、结晶、交联、增塑和老化等)的改变,都会在其温度-形变曲线上有明显的反映,因而测定温度-形变曲线,也可以提供许多关于试样内部结构的信息,了解聚合物分子运动与力学性能的关系,并可分析聚合物的结构形态,如结晶、交联、增塑、相对分子质量等等,可以得到聚合物的特性转变温度,如:玻璃化温度 T_g、粘流温度 T_f 和熔点等,对于评价被测试样的使用性能、确定适用温度范围和选择加工条件很有实用意义。测量所需仪器简单,易于自制,测量手续简便且费时不多,是本方法的突出优点。

高分子运动单元具有多重性,它们的运动又具有温度依赖性,所以在不同的温度下,外力恒定时,聚合物链段可以呈现完全不同的力学特征。

对于线型非晶聚合物有三种不同的力学状态:玻璃态、高弹态、粘流态。温度足够低时,高分子链和链段的运动被"冻结",外力的作用只能引起高分子键长和键角的变化,因此聚合物的弹性模量大,形变-应力的关系服从虎克定律,其机械性能与玻璃相似,表现出硬而脆的物理机械性质,这时聚合物处于玻璃态,在玻璃态温度区间内,聚合物的这种力学性质变化不大,因而在温度-形变曲线上玻璃区是接近横坐标的斜率很小的一段直线(图 20-1)。随着温度的上升,分子热运动能量逐渐增加,到达玻璃化转变温度 T_g 后,分子运动能量已经能够克服链段运动所需克服的位垒,链段首先开始运动,这时聚合物的弹性模量骤降,形变量大增,表现为柔软而富于弹性的高弹体,聚合物进入高弹态,温度-形变曲线急剧向上弯曲,随后基本维持在一"平台"上。温度进一步升高至粘流温度 T_f,整个高分子链能够在外力作用下发生滑移,聚合物进入粘流态,成为可以流动的粘液,产生不可逆的永久形变,在温度-形变曲线上表现为形变急剧增加,曲线向上弯曲。

玻璃态与高弹态之间的转变温度就是玻璃化温度 T_g,高弹态与粘流态之间的转变温度就是粘流温度 T_f。前者是塑料的使用温度上限,橡胶类材料的使用温度下限,后者是成型加工温度的下限。

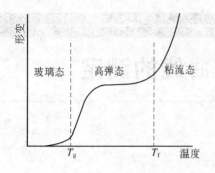 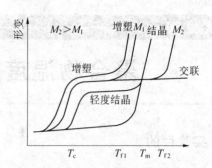

图 20-1 非晶线型高聚物的温度-形变曲线　　图 20-2 不同类型高聚物的温度-形变曲线

并不是所有非晶高聚物都一定具有三种力学状态，如聚丙烯腈的分解温度低于粘流温度而不存在粘流态。此外结晶、交联、添加增塑剂都会使得 T_g、T_f 发生相应的变化。非晶高聚物的相对分子质量增加会导致分子链相互滑移困难，松弛时间增长，高弹态平台变宽和粘流温度增高。

图 20-2 是不同材料的典型的温度-形变曲线。结晶聚合物受晶格的束缚，链段和分子链都不能运动，当结晶度足够高时试样的弹性模量很大，在一定外力作用下，形变量小，其温度-形变曲线在结晶熔融之前是斜率很小的一段直线，温度升高到结晶熔融时，晶格瓦解，分子链和链段都突然活动起来，聚合物直接进入粘流态，形变急剧增大，曲线突然转折向上弯曲，过程如图 20-2 中曲线所示。结晶聚合物常含晶区和非晶区，若晶区含量较少，即如图 20-2 所示的轻度结晶曲线，介于非晶和结晶聚合物之间，或兼表现出两类聚合物的部分特征。

交联高聚物的分子链由于交联不能够相互滑移，不存在粘流态。轻度交联的聚合物由于网络间的链段仍可以运动，因此存在高弹态、玻璃态。高度交联的热固性塑料则只存在玻璃态一种力学状态。增塑剂的加入，使高聚物分子间的作用力减小，分子间运动空间增大，从而使得样品的 T_g 和 T_f 都下降。

由于力学状态的改变是一个松弛过程，因此 T_g、T_f 往往随测定的方法和条件而改变。例如测定同一种试样的温度-形变曲线时，所用荷重的大小和升温速度快慢不同，测得的 T_g 和 T_f 也不一样。随着荷重增加，T_g 和 T_f 将降低；随着升温速率增大，T_g、T_f 都向高温方向移动。为了比较多次测量所得的结果，必须采用相同的测试条件。

本实验使用 RJY—1 型热机械分析仪进行测量。仪器包括炉体、温度控制、程序升温和记录系统，以及形变测量系统三个组成部分。

三、仪器和试剂

(1) RJY—1 型热机械分析仪，上海天平仪器厂生产。
(2) 聚甲基丙烯酸甲酯试样。

四、准备工作

(1) 正确连接好全部测量线路，经检查后，接通形变仪和记录仪电源，预热至仪器稳定。
(2) 降下炉子，细心清理样品台和压杆触头，彻底清除上次测量留下的残渣。放下记录仪和记录笔。

五、实验步骤

(1) 截取厚度约 1mm 的聚甲基丙烯酸甲酯薄片一小块为试样,试样两端面要平行,用游标卡尺测量试样高度。将试样安放在炉内样品台上,让压杆触头压在试样的中央,旋动 RJY-1 型热机械分析仪的调节旋钮,调节记录仪形变测量笔的零点。

(2) 取出试样,观察记录仪形变记录笔的平衡点移动,这时平衡点应接近满刻度为宜。移动量不足或过大时,须重新调整分析仪的灵敏度。

(3) 重新放好试样,关闭炉子,将记录形变笔调至零点右侧附近。

(4) 根据升温速度 3℃~5℃ 的要求,适当调整等速升温装置,然后接通电源开始升温。

(5) 放下记录笔开始自动记录温度和形变,直至温度升到 200℃(测量其他试样时应另行确定),切断升温装置电源,抬起记录笔,打开炉子,启动微型风扇降温。

(6) 待炉子冷却后,清理样品台和压杆触头,改变测量条件,重复上述步骤(2)~(7),进行二次测量。

(7) 切断全部电源,拆下压杆和砝码,清除试样残渣,用台秤称量压杆和砝码的质量,用游标卡尺测量压杆触头的直径,然后把仪器复原。

(8) 测量双笔记录仪两个记录笔的间距,记下记录仪的走纸速度。

六、数据处理

(1) 从温度形变曲线上求得聚甲基丙烯酸甲酯 T_g、T_f;

(2) 计算平均升温速度;

(3) 根据压杆和砝码的质量以及压杆触头的截面积计算压杆所受的压缩应力(MPa)。

七、注意事项

(1) 接通电源后,按仪器说明书要求,依顺序进行启动操作,使炉子开始升温。

(2) 如果没有走纸记录仪,可于炉子开始升温后于 40℃ 开始每隔 2℃ 记录数据,直至 200℃。

实验20 实验记录及报告

聚合物温度-形变曲线的测定

班　级：_____　姓　名：_____　学　号：_____

同组实验者：_____　_____　实验日期：_____

指导教师签字：_____　　　　　　　　　评　分：_____

（实验过程中，认真记录并填写本实验数据，实验结束后，送交指导教师签字）

一、实验数据记录

试样高度：
压杆质量：
砝码质量：
压杆触头的直径：
双笔记录仪两记录笔的间距：
记录仪的走纸速度：

温度	ΔL	$\Delta L/L$

二、数据处理

（1）如果没有走纸记录仪，可于炉子开始升温后于40℃开始每隔2℃记录数据，直至200℃为止。据此作出温度-形变曲线（贴在此页下方）。

(2) 求试样的 T_g、T_f：从形变曲线上，相应转折区两侧的直线部分外推得到一个交点作为转变点。根据两记录笔的笔间距在等速升温线上找到转变点对应的温度。

(3) 测算平均升温速度：根据记录仪走纸速度和得到的等速升温曲线计算平均升温速度。

(4) 计算试样所受的压缩应力(Pa)：根据压杆和砝码的质量以及压杆触头的截面积进行计算。

(5) 测量结果列入下表：

试样	压缩应力(MPa)	升温速度(℃/min)	T_g(℃)	T_f(℃)

三、回答问题及讨论

1. 线型非晶聚合物的三种力学状态是什么？

2. T_g、T_f 随测定的方法和条件改变的一般规律是什么？

实验 21
偏光显微镜法观察聚合物球晶形态

一、实验目的

(1) 了解偏光显微镜的基本结构和原理；
(2) 掌握偏光显微镜的使用方法和目镜分度尺的标定方法；
(3) 用偏光显微镜观察球晶的形态，估算聚丙烯试样球晶的大小。

二、实验原理

球晶是高聚物结晶的一种最常见的特征形式。当结晶性的高聚物从熔体冷却结晶时，在不存在应力或流动的情况下，都倾向于生成球晶。

球晶的生长过程如图 21-1 所示。球晶的生长以晶核为中心，从初级晶核生长的片晶，在结晶缺陷点发生分叉，形成新的片晶，它们在生长时发生弯曲和扭转，并进一步分叉形成新的片晶，如此反复，最终形成以晶核为中心，三维向外发散的球形晶体。实验证实，球晶中分子链垂直球晶的半径方向。

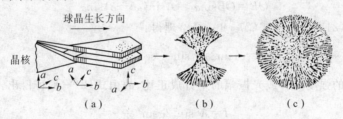

图 21-1 聚乙烯球晶生长的取向
(a)—晶片的排列与分子链的取向（其中 a、b、c 轴表示单位晶胞在各方向上的取向）；
(b)—球晶生长；(c)—长成的球晶

用偏光显微镜观察球晶的结构是根据聚合物球晶具有双折射性和对称性。当一束光线进入各向同性的均匀介质中，光速不随传播方向而改变，因此各方向都具有相同的折射率。而对于各向异性的晶体来说，其光学性质是随方向而异的。当光线通过它时，就会分解为振动平面互相垂直的两束光，它们的传播速度除光轴外，一般是不相等的，于是就产生两条折射率不同的光线，这种现象称之为双折射。晶体的一切光学性质都是和双折射有关。

偏光显微镜是研究晶体形态的有效工具之一，许多重要的晶体光学研究都是在偏光镜的正交场下进行的，即起偏镜与检偏镜的振动平面相互垂直。在正交偏光镜间可以观察到球晶的形态、大小、数目及光性符号等。

当高聚物处于熔融状态时，呈现光学各向同性，入射光自起偏镜通过熔体时，只有一束与起偏镜振动方向相同的光波，故不能通过与起偏镜成 90°的检偏镜，显微镜的视野为暗场。

高聚物自熔体冷却结晶后，成为光学各向异性体，当结晶体的振动方向与上下偏光镜振动方向不一致时，视野明亮，就可以观察到晶体，其原因由图 21-2 作简要说明。

图中 P-P 代表起偏镜的振动方向，A-A 代表检偏镜的振动方向，N-N，M-M 是晶体内某一切面内的两个振动方向。

由图 21-2 可知，晶体切面内的振动方向与偏光镜的振动方向不一致，设 N 振动方向与偏光镜振动方向 P-P 的夹角为 α。光先进入起偏镜，自起偏镜透出的平面偏光的振幅为 OB，光继续射至晶片上，由于切片内两振动方向不与 P-P 方向一致，因此要分解到晶体的两振动面中，分至 N 方向上光的振幅为 OD，分至 M 方向上光的振幅为 OE。自晶片透出的两平面偏光继续射至检偏镜上，由于检偏镜的振动方向与晶体切面内振动方向也不

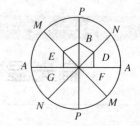

图 21-2 球晶黑十字消光原理图

一致，故每一平面偏光都要一分为二，即 OD 振幅的光分解为 OF 与 DF 振幅的光，OE 振幅的光分解为 EG 和 OG 振幅的光。振幅为 DF 和 EG 的光由于它们的振动方向垂直于检偏镜的振动面，因而不能透过，而振幅为 OG 和 OF 的光，它们均在检偏镜的振动面，因而能透过。两光波在同一平面内振动，必然要发生干涉，它们的合成波为：

$$Y = OF - OG = OD\sin\alpha - OE\cos\alpha \tag{21-1}$$

$$OD = OB\cos\alpha$$

$$OB = A\sin\omega t$$

又因晶片内 N 和 M 方向振动的两光波的速度不相等，折射率也不同，其位相差设为 δ，则有：

$$OD = OB\cos\alpha = A\sin\omega t\cos\alpha \tag{21-2}$$

$$OE = OB\sin\alpha = A\sin(\omega t - \delta)\sin\alpha \tag{21-3}$$

将式(21-2)，式(21-3)代入式(21-1)，经整理得：

$$Y = A\sin 2\alpha \cdot \sin\frac{\delta}{2}\cos\left(\omega t - \frac{\delta}{2}\right) \tag{21-4}$$

因为合成光的强度与合成光振幅的平方成正比，故由式(21-4)可得出：

$$I = A^2\sin^2 2\alpha\sin^2\frac{\delta}{2}$$

图 21-3 全同立构聚苯乙烯球晶的偏光显微镜照片

图 21-4 聚乙烯球晶的偏光显微镜照片

式中 A 为入射光的振幅，α 是晶片内振动方向与起偏镜方向的夹角，转动载物台可以改变 α，当 $\alpha = \pi/4, 3\pi/4, 5\pi/4, 7\pi/4, \cdots$ 时，光的强度最大，视野最亮。如果晶体切面内的两振动方

向与上下偏光镜的振动方向成45°角,即 $\alpha=45°$,此时晶体的亮度最大,当 $\alpha=0,\pi/2,\pi,3\pi/2,\cdots$ 时,$I=0$,视野全黑,如果晶体切面内的振动方向与起偏镜(或检偏镜)的振动方向平行时,即 $\alpha=0$,则晶体全黑,当晶体的轴和起偏镜的振动方向一致时,也出现全黑现象。

在正交偏光镜下,晶体切面上的光的振动方向与 $A-A,P-P$ 平行或近于平行,将产生消光或近于消光,固形成分别平行于 $A-A,P-P$ 的两个黑带(消光影),它们互相正交而构成黑十字,即 Maltese 干涉图。如图21-3,图21-4所示。

用偏光显微镜观察聚合物球晶,在一定条件下,球晶呈现出更加复杂的环状图案,即在特征的黑十字消光图象上还重叠着明暗相间的消光同心圆环。这可能是晶片周期性扭转产生的,如图 21-5 所示

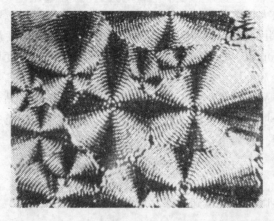

图21-5 带消光同心圆环的聚乙烯球晶偏光显微镜照片

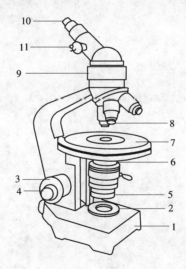

图21-6 偏光显微镜
1—仪器底座;2—视场光栏(内照明灯泡);3—粗动调焦手轮;
4—微动调焦手轮;5—起偏器;6—聚光镜;
7—旋转工作台(载物台);8—物镜;9—检偏器;
10—目镜;11—勃氏镜调节手轮

三、仪器和试剂

偏光显微镜(如图 21-6 所示),熔融装置,结晶装置,镊子,载玻片,盖玻片,聚丙烯。

四、准备工作

将一载玻片放在 260℃ 的电炉上,在盖玻片上放一小粒聚丙烯样品,待样品熔融,盖上另一盖玻片,压成薄膜。再熔融 1min,迅速转移至 120℃ 的结晶炉内结晶 1 小时待用。

五、实验步骤

(1) 选择合适的放大倍数的目镜和物镜,目镜需带有分度尺,把载物台显微尺放在载物台上,调节焦距至显微尺清晰可见,调节载物台使目镜分度尺与显微尺基线重合。显微尺长 1.00mm,等分为 100 格,观察显微尺 1mm 占分度尺几十格,即可知分度尺 1 格为多少 mm。

(2) 将制备好的样品放在载物台上,在正交偏振条件下观察球晶形态,读出相邻两球晶中心连线在分度尺上所占的格数,将格数乘以 mm/格(已经过显微尺标定)即可估算出球晶直径。

六、数据处理

(1) 画出用偏光显微镜所观察到的球晶形态示意图。
(2) 计算球晶直径。

实验 21　实验记录及报告

偏光显微镜法观察聚合物球晶形态

班　级：_____　　姓　名：_____　　学　号：_____

同组实验者：_____　_____　　实验日期：_____

指导教师签字：_____　　　　　　　评　分：_____

（实验过程中，认真记录并填写本实验数据，实验结束后，送交指导教师签字）

一、实验数据记录

样品	熔融温度 （℃）	熔融时间 （min）	结晶温度 （℃）	结晶时间 （min）	物镜倍数	目镜倍数

二、数据处理

（1）放大倍数的计算：根据物镜和目镜的放大倍数，计算总的放大倍数。

（2）球晶尺寸的计算：

显微尺长度 （mm）	分度尺读数 （格）	分度尺比例 （mm/格）	两球晶间距 （格）	球晶直径 （mm）

三、回答问题及讨论

1．画出用偏光显微镜所观察到的球晶形态示意图。

2. 结晶温度对球晶尺寸有何影响？

3. 用偏光显微镜观察聚合物球晶形态的原理是什么？

实验 22

光学解偏振光法测定聚合物的结晶速率

一、实验目的

（1）了解光学解偏振光法测定聚合物结晶速率的原理；
（2）掌握用 GJY—Ⅲ型结晶速率仪测定聚合物等温结晶速率的方法。

二、实验原理

处在熔融状态下的聚合物，其分子链是无序排列的，在光学上表现出各向同性，将其置于两个正交的偏振片之间，透射光强度为零；而聚合物晶区中的分子链是有序排列的，其在光学上是各向异性的，具有双折射性质，将其置于两个正交的偏振片之间时，透射光强度不为零，而且透射光的强度与结晶度成正比，透过的这一部分光称为解偏振光。因此，当置于两正交偏振片之间的聚合物样品，从熔融状态开始结晶时，随着结晶的进行，解偏振光（透射光）强度会逐渐增大。这样，通过测定透射光强度的变化，就可以跟踪聚合物的结晶过程，从而研究聚合物的结晶动力学，并测定其结晶速率。

如果在时刻 0、t 和结晶完成时的解偏振光强度分别为 I_0、I_t 和 I_∞，则以 $\dfrac{I_\infty - I_t}{I_\infty - I_0}$ 对结晶时间作图，可得到如图 22-1 所示的等温结晶曲线。

由曲线可见，解偏振光强度在结晶初期没有变化，这一段时期为诱导期，随后解偏振光强度迅速增加，之后解偏振光强度缓慢增加，最后，解偏振光强度变化极为缓慢。

由于结晶终了的时间难以确定，因此不能用结晶所需的全部时间来衡量结晶速率。而结晶完成一半时所需的时间能较准确测定，因为在此

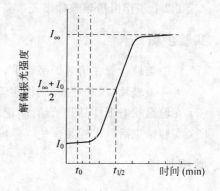

图 22-1 光学解偏振法等温结晶曲线

点附近，解偏振光强度的变化速率较大，时间测量的误差就较小。以解偏振光强度增大到基本不变时的值（I_∞）作为一个伪平衡值，采用结晶完成一半的时间（$t_{1/2}$）的倒数作为聚合物的结晶速率。$t_{1/2}$ 称为半结晶时间。

（t_0 为热平衡时间；I_0、I_∞ 分别为结晶开始和结晶终了时的解偏振光强度）聚合物的等温结晶过程可用 Avrami 方程来描述：

$$1 - C = \exp(-Kt^n) \tag{22-1}$$

式中，C 为时刻 t 时的结晶转化率，K 为结晶速率常数，n 为 Avrami 指数。

在 t 时刻，已结晶部分引起的解偏振光强度变化为（$I_t - I_0$），结晶完成时，全部结晶引起的解偏振光强度变化为（$I_\infty - I_0$）。则 t 时刻的结晶转化率可用下式进行计算：

$$C=\frac{I_t-I_0}{I_\infty-I_0} \qquad (22-1)$$

代入式(22-1)，整理后可得：

$$\lg\left[-\ln\left(\frac{I_\infty-I_t}{I_\infty-I_0}\right)\right]=\lg K+n\lg t \qquad (22-3)$$

以上式左边对 $\lg t$ 作图可得一直线，由直线截距 $\lg K$ 可求得结晶速率常数 K，由直线斜率可求得 Avrami 指数 n。

三、仪器和试剂

GJY—Ⅲ型结晶速率仪，聚丙烯粒料。

四、准备工作

(1) 接通整机电源，并接通熔融炉和结晶炉的加热电源。
(2) 调节偏振光使之正交，此时输出光强信号最弱。
(3) 接通光电倍增管负高压电源开关(900V)，再接通直流光源开关(1.5V)。
(4) 调节结晶速率仪的结晶温度为120℃，熔融温度为280℃，使两炉加热，并恒温至所需的温度值。
(5) 接通电子记录仪电源，并选择好适当的量程范围和走纸速度(走纸速度是每分钟60mm)。

(以上工作由指导教师事先准备。)

五、实验步骤

(1) 将一盖玻片放在熔融炉平台上，然后将聚丙烯样品粒子置于盖玻片上熔融，并盖上另一盖玻片，压平对齐，制作实验样品，并将制作好的样品迅速放入结晶炉内。
(2) 在恒温状态下样品开始结晶，记录仪记录结晶曲线。
(3) 实验结束后取出样品。

六、数据处理

(1) 从记录仪给出的等温结晶曲线上，计算并标出此温度下的半结晶时间 $t_{1/2}$。
(2) 求出此结晶温度下的半结晶时间的倒数 $1/t_{1/2}$ 作为聚合物的等温结晶速率。
(3) 取不同结晶时间的实验数据进行计算，以 $\lg[-\ln(I_\infty-I_t)/(I_\infty-I_0)]$ 对 $\lg t$ 作图，由直线的截距和斜率求出 K 和 n。

七、注意事项

(1) 手不要接触到熔融炉和结晶炉，以免被灼伤。
(2) 被熔融的样品必须完全熔化，否则会影响样品的结晶速率及其曲线。
(3) 应迅速地将熔融样品放入结晶炉内结晶。

实验 22 实验记录及报告

光学解偏振光法测定聚合物的结晶速率

班　级：_____　姓　名：_____　学　号：_____

同组实验者：_____　_____　实验日期：_____

指导教师签字：_____　评　分：_____

（实验过程中，认真记录并填写本实验数据，实验结束后，送交指导教师签字）

一、实验过程及数据记录

样品	熔融温度（℃）	结晶温度（℃）

二、数据处理

1. 计算半结晶时间 $t_{1/2}$

根据记录纸上的数据，计算并标出半结晶时间 $t_{1/2}$（将记录纸附在实验报告后面一起交给指导教师）。

2. 取点计算

在结晶曲线上，从时刻 0 开始，到结晶基本完成，取 8 个点，将计算结果填入下表中。

时间 $t(s)$								
$\lg\left[-\ln\left(\dfrac{I_\infty - I_t}{I_\infty - I_0}\right)\right]$								
$\lg t$								

3. 计算结晶速率常数 K 和 Avrami 指数 n

根据上面计算的结果，用 $\lg\left[-\ln\left(\dfrac{I_\infty - I_t}{I_\infty - I_0}\right)\right]$ 对 $\lg t$ 作图，由直线的斜率和截距计算出结晶速率常数 K 和 Avrami 指数 n。

截距 ($\lg K$)	斜率 (n)	结晶速率常数 (K)

三、问题回答及讨论

（1）结晶温度对聚合物的结晶速度有什么样的影响？

（2）根据计算的 n 值，讨论聚丙烯的结晶过程。

实验 23

密度法测定聚合物结晶度

一、实验目的

(1) 学习密度法测定聚合物结晶度的原理和方法；
(2) 区别和理解用体积百分数和质量百分数表示的结晶度；
(3) 掌握比重瓶的正确使用方法。

二、实验原理

在聚合物的聚集态结构中，分子链排列的有序状态不同，其密度就不同。有序程度愈高，分子堆积愈紧密，聚合物密度就愈大，或者说比容愈小。聚合物在结晶时，分子链在晶体中作有序密堆积，使晶区的密度 ρ_c 高于非晶区的密度 ρ_a。如果采用两相结构模型，即假定结晶聚合物由晶区和非晶区两部分组成，且聚合物晶区密度与非晶区密度具有线性加和性，则

$$\rho = f_c^V \rho_c + (1 - f_c^V) \rho_a \tag{23-1}$$

进而可得

$$f_c^V = \frac{\rho - \rho_a}{\rho_c - \rho_a} \tag{23-2}$$

若假定晶区和非晶区的比容具有加和性，则

$$v = f_c^W v_c + (1 - f_c^W) v_a \tag{23-3}$$

得

$$f_c^W = \frac{v_a - v}{v_a - v_c} = \frac{1/\rho_a - 1/\rho}{1/\rho_a - 1/\rho_c} \tag{23-4}$$

式中 $\rho、\rho_c、\rho_a$——分别为聚合物、晶区和非晶区的密度；

$v、v_c、v_a$——分别为聚合物、晶区和非晶区的比容；

f_c^V——用体积百分数表示的结晶度；

f_c^W——用质量百分数表示的结晶度。

由式(23-3)和式(23-4)可知，若已知聚合物试样完全结晶体的密度 ρ_c 和聚合物试样完全非结晶体的密度 ρ_a，只要测定聚合物试样的密度 ρ，即可求得其结晶度。

本实验采用悬浮法，测定聚合物试样的密度，即在恒温条件下，在加有聚合物试样的试管中，调节能完全互溶的两种液体的比例，待聚合物试样不沉也不浮，悬浮在混合液体中部。根据阿基米德定律可知，此时混合液体的密度与聚合物试样的密度相等，用比重瓶测定该混合液体的密度，即可得聚合物试样的密度。

三、仪器和试剂

(1) 25 mL 比重瓶一只，50mL 试管一支，玻璃搅拌棒一根，滴管 2 支，卷筒纸和电子天平。
(2) 聚乙烯试样 A(粒状)，聚乙烯试样 B(片装)，蒸馏水，95%乙醇(CP)。

四、准备工作

(1) 筛选聚合物试样。
(2) 洗净并烘干比重瓶。
(3) 开启电子天平预热。
(为了节约时间,以上准备工作可由指导教师事先做好。)

五、实验步骤

(1) 在试管中加入 95%乙醇 15mL,然后加入一、二粒聚乙烯试样,用滴管加入蒸馏水,同时上下搅拌,使液体混合均匀,直至样品不沉也不浮,悬浮在混合液中部,保持数分钟,此时混合液体的密度即为该聚合物样品的密度。试验装置如图 23-1 所示。

图 23-1 实验装置示意图

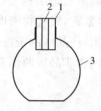

图 23-2 比重瓶示意图
1—瓶塞;2—毛细管;3—瓶体

(2) 混合液体密度的测定。先用电子天平称得干燥的空比重瓶的质量 W_0(图 23-2 为比重瓶示意图),然后取下瓶塞,灌满被测混合液体,盖上瓶塞,多余液体从毛细管溢出。然后用卷筒纸擦去溢出的液体,称得装满混合液体后比重瓶的质量 W_1。之后倒出瓶中液体,用蒸馏水洗涤数次后再装满蒸馏水,擦干瓶体,称得装满蒸馏水后比重瓶的质量 $W_水$,若已知实验温度下蒸馏水的密度 $\rho_水$,则混合液体的密度可按下式求得:

$$\rho = \frac{W_1 - W_0}{W_水 - W_0} \rho_水 \tag{23-5}$$

(3) 取另外一只干燥的比重瓶,换一种聚乙烯试样,重复步骤 1 和步骤 2。

六、数据处理

(1) 按式(23-5)计算两种待测样品的密度。
(2) 从有关手册上查出聚乙烯完全结晶体的密度和完全非晶体的密度,并按式(23-2)和式(23-4)计算两种聚乙烯试样的结晶度。

七、注意事项

(1) 两种液体应充分搅拌均匀。
(2) 比重瓶的液体要加满,不能有气泡。
(3) 先称空瓶的质量,再称装满混合液体的质量,最后称装满蒸馏水的质量。

实验 23 实验记录及报告

密度法测定聚合物结晶度

班　级：_____　　姓　名：_____　　学　号：_____

同组实验者：_____ _____ _____　　实验日期：_____

指导教师签字：_____　　　　　　　　评　分：_____

（实验过程中，认真记录并填写本实验数据，实验结束后，送交指导教师签字）

一、实验过程及数据记录

1. 实验条件

样品名称：_____ 实验温度：_____

2. 称重记录

样品编号	空比重瓶质量 W_0(g)	装满混合液体后质量 W_1(g)	装满蒸馏水后质量 $W_水$(g)
A			
B			

二、数据处理

1. 待测样品密度的计算

从有关手册上查出实验温度下蒸馏水的密度，并按式(23-5)计算待测样品的密度。

实验温度 T(℃)	蒸馏水密度 $\rho_水$(g/cm³)	待测样品 A 密度 ρ(g/cm³)	待测样品 B 密度 ρ(g/cm³)

2. 结晶度的计算

从有关手册上查出聚乙烯完全结晶体的密度和完全非晶体的密度，并按式(23-2)和式(23-4)计算两种聚乙烯试样的结晶度，请列出某一样品的计算过程。

样品编号	样品密度 ρ(g/cm³)	结晶度(%) 体积百分数(%)	结晶度(%) 质量百分数(%)
A			
B			

三、问题回答及讨论

(1) 组成混合液体的各组分应该满足什么条件？

(2) 体积结晶度和质量结晶度的物理意思是什么？密度法测的是哪一种？

(3) 影响测量结果的因素有哪些？

实验 24
用计算机模拟 PP、PE 大分子的性质

近年来,由计算机主宰的能够模拟真实发展体系的结构与行为的方法形成了一个全新的领域,这就是"分子模拟"。随着计算机技术的迅速发展,已有大量计算机软件用于高分子科学中的链结构、凝聚态结构、Monte Carlo 模拟以及聚合物材料设计等。

一、实验目的

(1) 了解用计算机软件模拟大分子的"分子模拟"方法;
(2) 学会用"分子的性质"软件构造聚丙烯、聚乙烯大分子;
(3) 计算主链含 100 个碳原子的聚丙烯、聚乙烯分子末端的直线距离;
(4) 了解用计算机软件计算大分子分子参数的方法;
(5) 学会用"分子的性质"软件构造聚丙烯酸甲酯;
(6) 用"分子的性质"软件计算聚丙烯酸甲酯构象能量。

二、实验原理

C—C 单键是 σ 键,其电子云分布具有轴对称性。因此键相连的两个碳原子可以相对旋转而不影响电子云的分布。原子或与原子团周围单键内旋转的结果将使原子在空间的排布方式不断地变换。长链分子主链单键的内旋转赋予高分子链以柔性,致使高分子链可任取不同的卷曲程度。高分子链的卷曲程度可以用高分子链两端点间直线距离——末端距来度量,高分子链卷曲越厉害,末端距越短。高分子长链能以不同程度卷曲的特性称为柔性。高分子链的柔性是高聚物具有高弹性的根本原因,也是决定高聚物玻璃化转变温度高低的主要因素。高分子链的末端距是一个统计平均值,通常采用它的平方的平均,叫做均方末端距,通常是用高分子溶液性质的实验来测定的。

"分子的性质"是用计算机以原子水平的分子模型来模拟分子的结构与行为,进而模拟分子体系的各种物理和化学性质。分子模拟法不但可以模拟分子的静态结构,也可以模拟分子的动态行为(如分子链的弯曲运动,分子间氢键的缔合作用与解缔行为,分子在表面的吸附行为以及分子的扩散等)。该法能使一般的实验化学家、实验物理学家方便地使用分子模拟方法在屏幕上看到分子的运动,像电影一样逼真。

长链分子的柔性是高聚物特有的属性,是橡胶高弹性的根由,也是决定高分子形态的主要因素,对高聚物的物理力学性能有根本的影响。高分子链相邻链节中非键合原子间相互作用——近程相互作用的存在,总是使实际高分子链的内旋转受阻。分子内旋转受阻的结果是使高分子链在空间所可能有的构象数远远小于自由内旋转的情况。受阻程度越大,可能的构象数目越少。因此高分子链的柔性大小就取决于分子内旋转的受阻程度。再有,高分子链由一种构象转变到另一种构象时,各原子基团间的排布发生相应的变化,其间相互作用能也随之改变。大多数柔性大分子可以在一系列不同的构象态之间变化。因此比较柔性

分子的重要任务之一就是进行构象态的比较，尽管大部分的构象态是那些具有低能量的构象态，但是并不是说只有低能量的构象态才能参加分子间的相互作用。

分子模拟法不但可以模拟分子的静态结构，也可以模拟分子的动态行为（如分子链的弯曲运动，分子间氢键的缔合作用与解缔行为，分子在表面的吸附行为以及分子的扩散等）。还能应用分子力学及分子动态学来进行分子动态的计算。

三、实验装备

Win98 以上计算机；MP（Molecular Properties）软件。

四、实验步骤

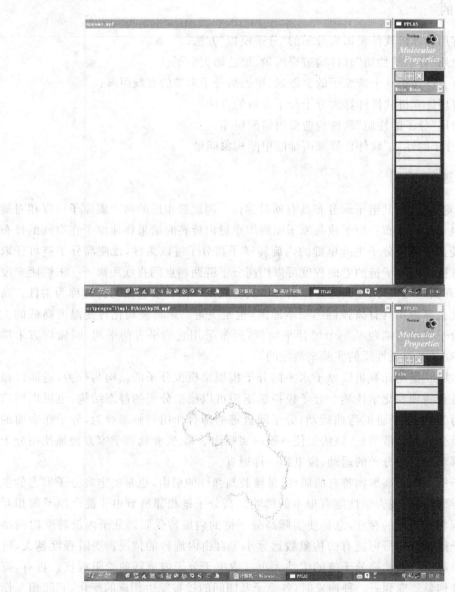

图 24-1　MP 软件的界面

软件的界面由主窗口、图形窗口、按钮窗口和菜单窗口组成,见图 24-1。主窗口位于屏幕的右上角,关闭主窗口也就退出了 MP 软件。屏幕上最大的是图形窗口,用来显示三维的分子图形。其中化学键用线段表示,而用不同颜色表示不同元素:白色为氢,绿色为碳,红色为氧。按钮窗口有三个按钮:"主菜单窗口按钮"是将菜单窗口返回主菜单窗口;"居中按钮"是计算机根据所画分子的大小和形状,自动选择合适的放大比例,把分子图像显示在图形窗口的中间,而"全不选中按钮"将使所有的原子退出被选中状态。所有操作由鼠标器的左右键及其与 Shift、Ctrl 键的组合来实现。

1. 学习鼠标器的功能

鼠标器左键:可以选中光标对准的一个原子,屏幕上用红色的十字表示选中的原子,如果该原子已被选中,按此键将使该原子取消选中;

鼠标器右键:按此键并保持,光标将变为 ⊕,这时如果上下移动鼠标器,分子图形将沿着通过分子中心的水平轴旋转;如果左右移动鼠标器,图形将沿通过分子中心的垂直轴旋转;

[Shift]+鼠标器左键:按下此组合键可以选中该原子所在的分子,如果该分子已选中,按此键将使该分子取消选中;

[Shift]+鼠标器右键:按下此组合键并保持,光标格变为 ↻,这时如果绕分子中心移动鼠标器,分子图形将沿着通过分子中心且垂直屏幕的轴旋转;

[Ctrl]+鼠标器左键:按下此组合键并保持,光标格变为 ✥,这时如果移动鼠标器,分子图形将沿屏幕平面移动;

[Ctrl]+鼠标器右键:按下此组合键并保持,光标格变为 ◎,这时如果向上移动鼠标器,分子图形将放大,如果向下移动鼠标器,分子图形将缩小。

2. 了解菜单窗口

图 24-2 显示部分 MP 软件中的几个主要窗口,其中[Main Menu]是主要窗口,包括 10 个菜单,如[File]、[Select]、[Build]、[Label]、[Quit]、[Analyse]等等。在菜单状态下使用菜单左上角的小图标即可回到[Main Menu]状态。其中各菜单的功能如下所述。

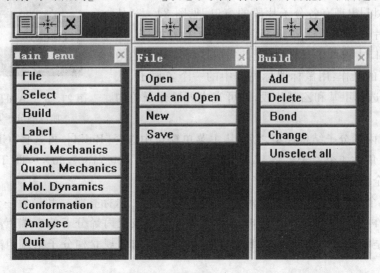

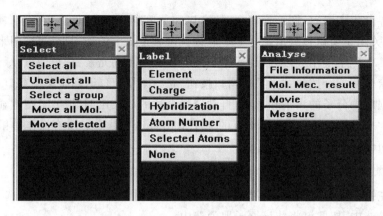

图 24-2 MP 软件中几个主要窗口

[File]包括文件的打开、保存以及退出。

[Select]中可以进行选择操作,包括全选[Select all],退出选择[Unselect all]。[Select a group]是选中一组原子,它可以把从起点到终点的原子全部选中。[Move all Mol.]和[Move selected]分别是移动所有分子和选中分子。

[Build]中[Add]可以在被选中的氢原子上连接新基团。[Delete]可以删除所有选中的原子以及与选中的原子相连的氢原子。[Bond]用来改变选中原子间的化学键。

[Label]用来标出各个原子的元素符号、电荷、杂化状态以及原子的编号。

[Analyse]用来分析测量,如按[Measure]键,将会根据选中的原子数目弹出相应的对话框测量键长、平面角。

[Quit]用来退出系统。

3. 构建全同立构聚丙烯分子

从主菜单窗口中选择[Build],出现构造[Build]菜单窗口,再选择[Add]出现有各分子片段的窗口,见图 24-3,从中选取乙基片段,用鼠标器标亮其中的一个氢原子,从[Add]菜单窗口中选取甲基片段,至此完成了丙烷分子的构建。重复以下的操作:用鼠标器标亮其中的一个氢原子,从[Add]菜单中选择甲基和乙基片段,即可完成丙烯分子的构建。

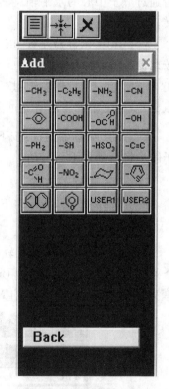

图 24-3 [Add]中的可以加成的分子片断

构建完聚丙烯分子结构模型之后,从主菜单窗口中选择[Build],再选择[Change],用鼠标器标亮扭转角的 4 个原子。将 Torsion 角调整为 180°,60°,180°,60°,…即 TGTG…的构型,即可得到全同立构聚丙烯的分子结构模型。

构建 100 个碳原子的全同立构和无规立构聚丙烯分子,标亮第一和最后一个碳原子,选择[Analyse],再选择[Measure],这时得到的数据即是该聚丙烯分子的末端距离(由于分子不够长,这不是统计上的末端距)。比较全同立构分子和无规立构分子末端距离的大小,见

图24-4。

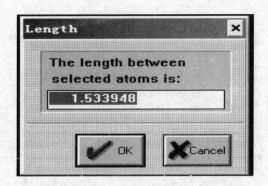

图24-4 用[Measure]测定末端距离

4. 构建聚乙烯分子

用与3中相同的步骤构建若干个含50个碳原子的无规线团聚乙烯分子,计算它们的末端距离。从中来理解C—C键内旋转引起的分子卷曲程度。

5. 重复实验步骤3、步骤4后,构建聚丙烯酸甲酯分子

从主菜单窗口中选择[Build],出现构造[Build]菜单窗口,再选择[Add]出现有各分子片段的窗口,从中选取乙基片段,用鼠标器标亮其中的一个氢原子,从[Add]菜单窗口中选取—COOH片段,再标亮—COOH上的氢原子,选加上—CH$_3$片段,至此完成了丙烯酸甲酯分子的构建。重复以下的操作:用鼠标器标亮其中的一个氢原子,从[Add]菜单中选择乙基和—COOH片段,即可完成聚丙烯酸甲酯分子片段的构建。

构建完聚丙烯酸甲酯分子片段结构模型之后,从主菜单窗口中选择[Conformation],用鼠示器标亮扭转角的4个原子,按[Torsion one]后再按[Torsion RUN],即出现对话框:对话框中出现的是关于所建分子进行构象能计算时所需选择的参数,如评价力函数(RMS force)分子间相互作用的选择;偶极相互作用(Dipole)还是静电相互作用(Charge);距离截断功能的限定距离(Cut off value);在Torsionl中所显示的数字表示所选定扭转角原子的原子序号。从对话框中还可以设定进行构象能计算时扭转角的起始角度及间断角度。对话框最下端的[read initial structure and sequential search],[read initial structure and free search],[use last structure and free search]分别表示读入初始结构并按顺序查找,读入初始结构并自由查找,读入最终结构并自由查找,在进行构象计算时选择其中一项即可。扭转角的范围是从-180°到180°。

若要计算两个扭转角,则在选择[Torsion one]之后,用鼠标器选中第二个扭转角的4个原子,再按[Torsion RUN],在屏幕上即出现新的对话框,对话框中各参数的意义同上,输入相应的参数后,选择[OK]即可。当程序完成计算构象能之后,若想查看计算的结果,可调用Conforme.out文本文件,文件中有三列数据,分别对应扭转角1(φ_1),扭转角2(φ_2)和构象能(E)。

五、数据处理

根据以上操作,计算100个碳原子的全同立构聚丙烯分子、聚乙烯分子的末端的直线距离。

实验 24　实验记录及报告

用计算机模拟 PP、PE 大分子的性质

班　级：_____　姓　名：_____　学　号：_____

同组实验者：_____　_____　_____　实验日期：_____

指导教师签字：_____　　　　　　　　　　评　分：_____

（实验过程中，认真记录并填写本实验数据，实验结束后，送交指导教师签字）

一、实验数据记录

二、数据处理

　　100 个碳原子的全同立构聚丙烯分子的末端的直线距离是：

　　100 个碳原子的聚乙烯分子的末端的直线距离是：

三、回答问题及讨论

1. 请针对本软件,提出计算机进一步在聚合物中应用的思路和方法。

2. 什么是均方末端距,如何从统计学上理解?

第三部分

高分子材料成型加工实验

实验 25

热塑性塑料熔体流动速率的测定

一、实验目的

(1) 了解热塑性塑料熔体流动速率的实质及其测定意义;
(2) 熟悉并使用熔体流动速率测试仪;
(3) 测定聚烯烃树脂的熔体流动速率。

二、实验原理

高聚物的流动性是成型加工时必须考虑的一个重要因素,不同的用途、不同的加工方法对高聚物的流动性有不同的要求,对选择加工温度、压力和加工时间等加工工艺参数都有实际意义。

衡量高聚物的流动性的指标主要有熔体流动速率、表观粘度、流动长度、可塑度、门尼粘度等多种方式。大多数的热塑性树脂都可以用它的熔体流动速率来表示其粘流态时的流动性能。而热敏性聚氯乙烯树脂通常是测定其二氯乙烷溶液的绝对粘度来表示其流动性能。热固性树脂多数是含有反应活性官能团的低聚物,常用落球粘度或滴落温度来衡量其流动性;热固性塑料的流动性,通常是用拉西格流程法测量流动长度来表示其流动性的。橡胶的加工流动性常用威廉可塑度和门尼粘度等表示。

熔体流动速率(MFR),又称熔融指数(MI),是指热塑性树脂在一定的温度、压力条件下的熔体每 10min 通过规定毛细管时的质量,其单位是 g/10min。对于一定结构的高聚物也可以用 MFR 来衡量其相对分子质量的高低,MFR 愈小,其相对分子质量愈大,成型工艺性能就愈差;反之,MFR 愈大,表明其相对分子质量愈低,成型时的流动性能就愈好,即加工性能好,但成型后所得的制品主要的物理机械性能和耐老化等性能是随 MFR 的增大而降低的。以聚乙烯为例,其相对分子质量、熔体流动速率与熔融粘度之间的关系见表 25-1。

表 25-1 聚乙烯相对分子质量、熔体流动速率与熔融粘度之间的关系

数均相对分子质量($\overline{M}_n$)	熔体流动速率(g/10min)	熔融粘度(190℃)(Pa·s)
19 000	170	45
21 000	70	110
24 000	21	360
28 000	6.4	1 200
32 000	1.8	4 200
48 000	0.25	30 000
53 000	0.005	1 500 000

用熔体流动速率仪测定高聚物的流动性,是在给定的剪切速率下测定其粘度参数的一种简易方法。ASTM D12138 规定了常用高聚物的测试方法,测试条件包括:温度范围为

125℃～300℃，负荷范围为 0.325～21.6kg（相应的压力范围为 0.046～3.04MPa）。在这样的测试范围内，MFR 值在 0.15～25 之间的测量是可信的。

熔体流动速率 MFR 的计算公式为：

$$MFR = \frac{600 \times W}{t} \tag{25-1}$$

式中　MFR——熔体流动速率，g/10min；
　　　W——样条段质量（算术平均值），g；
　　　t——切割样条段所需时间，s。

测定不同结构的树脂熔体流动速率，所选择的测试温度、负荷压强、试样的用量以及实验时取样的时间等都有所不同。我国目前常用的标准如表 25-2 和表 25-3 所示。

表 25-2　部分树脂测量 MFR 的标准实验条件

树脂名称	标准口模内径(mm)	实验温度(℃)	压力(MPa)	负荷(kg)
PE	2.095	190	0.304	2.160
PP	2.095	230	0.304	2.160
PS	2.095	190	0.703	5.000
PC	2.095	300	0.169	1.200
POM	2.095	190	0.304	2.160
ABS	2.095	200	0.703	5.000
PA	2.095	230,275	0.304,0.046	2.160,0.325

表 25-3　MFR 与试样用量和实验取样时间的关系

MFR(g/10min)	试样用量(g)	取样时间(s)
0.1～0.5	3～4	240
0.5～1.0	3～4	120
1.0～3.5	4～5	60
3.5～10.0	6～8	30
10.0～25.0	6～8	10

熔体流动速率是在标准的仪器上测定的，该仪器实质是毛细管式塑性挤出器。MFR 值是在低剪切速率（2～50 s^{-1}）下获得的，因此不存在广泛的应力—应变关系，不能用来研究熔体粘度与温度、粘度与剪切速率的依赖关系，仅能作为比较同类结构的高聚物的相对分子质量或熔体粘度的相对数值。

三、仪器与样品

1. 仪器

（1）SRSY1 熔体流动速率仪　其基本结构如图 25-1 所示，主要由主机和加热温控系统组成。主机包括图 25-1 中的料筒 4、活塞杆 2、标准毛细管口模 5 和砝码 1 等部件。加热温控系统包括加热炉体、温控电路和温度显示等部分组成。

(2)精密扭力天平,盘架天平。
(3)计时器。

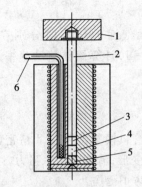

图 25-1 熔体流动速率仪的结构示意图
1—砝码;2—活塞杆;3—活塞;4—料筒;
5—标准毛细管;6—温度计

2. 样品

PP、HDPE,可以是颗粒或粉料等。也可选用 PS、PC、ABS、PA、POM 等,测试条件参照表 25-2。

四、准备工作

(1)熟悉熔体流动速率仪,检查仪器是否水平,料筒、活塞杆、毛细管口模是否清洁。
(2)样品准备,干燥 PP 或 HDPE 树脂,常用红外线灯照烘。
(3)样品称量,按被测样品的牌号而确定称取试样的质量,用盘架天平称重。

五、实验步骤

(1)开启电源,指示灯亮,表示仪器通电。
(2)开启升温开关,设定控温值,本实验测定 PP 的熔体流动速率的定值温度是 230℃,直到控制到所需的温度为止。
(3)将料筒、毛细管口模装好,和活塞杆一同置于炉体中,恒温 10~15min。
(4)待温度平衡后,取出活塞杆,往料筒内倒入称量好的 PP 树脂,然后用活塞杆把树脂压实,尽可能减少空隙,去除样品中的空气,最后在活塞杆上固定好导套。
(5)预热 5min 后,在活塞杆的顶部装上选定的负荷砝码,测定 PP 时选用 2.160kg 负荷砝码。当砝码装上后,熔化的试样即从出料口小孔挤出。切去开始挤出的约 15cm 左右料头(可能含有气泡的一段),然后开始计时,每隔 60s 切一个料段,连续切取 5 个料段(含有气泡的料段应弃去)。
(6)对每个样品应平行测定两次,从取样数据中分别求出其 MFR 值,以算术平均值作为该树脂样品的熔体流动速率。若两次测定之间或同一次的各段之间的质量差别较大时应找出原因。
(7)测试完毕,挤出料筒内余料,趁热将料筒、活塞杆和毛细管口模用软布清洗干净,不允许挤出系统各部件有树脂熔体的残余粘附现象。

(8) 清理后切断电源。

六、数据处理

将每次测试所取得的 5 个无气泡的切割段分别在精密扭力天平上称重,精确到 0.000 1g,取算术平均值,按式(25-1)计算熔体流动速率。几个切割段质量的最大值与最小值之差不得超过平均值的 10%。

七、注意事项

(1) 料筒、压料活塞杆和毛细管口模等部件尺寸精密,光洁度高,故实验时始终要小心谨慎,严禁落地及碰撞等导致弯曲变形;清洗时切忌强力,以防擦伤。

(2) 实验和清洗时要带手套,防止烫伤。

(3) 实验结束,挤出余料时,动作要轻,切忌以强力施加砝码之上,防止仪器的损坏。

实验 25 实验记录及报告

热塑性塑料熔体流动速率的测定

班　级：_____　　姓　名：_____　　学　号：_____

同组实验者：_____ _____ _____　　实验日期：_____

指导教师签字：_____　　　　　　　　　　评　分：_____

（实验过程中，认真记录并填写本实验数据，实验结束后，送交指导教师签字）

一、实验数据记录

　　（1）树脂名称及牌号_____；
　　（2）样品干燥温度和时间_____℃_____h；
　　（3）试样质量_____g；
　　（4）实验温度和负荷_____℃_____kg；
　　（5）取样时间_____s；
　　（6）实验现象_____
　　_____。

二、数据处理

试样 项目	第一次					第二次				
	1	2	3	4	5	1	2	3	4	5
时间(s)										
质量(g)										
MFR (g/10min)										
MFR 平均值 (g/10min)										
MFR 平均值 (g/10min)										

三、回答问题及讨论
  1. 测定高聚物熔体流动速率的实际意义是什么？

  2. 是否可以直接挤出 10min 的熔体质量作为 MFR？为什么？

  3. 分析实验过程切割段的颜色，有无气泡等现象及计算结果与实验工艺操作的关系。

实验 26

热塑性塑料注射成型

一、实验目的

(1) 了解柱塞式和移动螺杆式注射机的结构特点及操作程序；
(2) 掌握热塑性塑料注射成型的实验技能及标准测试样条的制作方法；
(3) 掌握注射成型工艺条件的确定及其与注射制品质量的关系。

二、实验原理

1. 注射过程原理

注射成型是高分子材料成型加工中一种重要的方法，应用十分广泛，几乎所有的热塑性塑料及多种热固性塑料都可用此法成型。热塑性塑料的注射成型又称注塑，是将粒状或粉状塑料加入到注射机的料筒，经加热熔化后呈流动状态，然后在注射机的柱塞或移动螺杆快速而又连续的压力下，从料筒前端的喷嘴中以很高的压力和很快的速度注入到闭合的模具内。充满膜腔的熔体在受压的情况下，经冷却固化后，开模得到与模具型腔相应的制品。

注射成型机主要有柱塞式和移动螺杆式两种，以后者为常用。不同类型注射机的动作程序不完全相同，但塑料的注射成型原理及过程是相同的。

本实验是以聚丙烯为例，采用移动螺杆式注射机的注射成型。热塑性塑料的注射过程包括加料、塑化、注射充模、冷却固化和脱模等几个工序。

(1) 合模与锁紧　注射成型的周期一般是以合模为起始点。动模前移，快速闭合。在与定模将要接触时，依靠合模系统自动切换成低压，提供试合模压力和低速；最后切换成高压将模具合紧。

(2) 注射充模　模具闭合后，注射机机身前移使喷嘴与模具贴合。油压推动与油缸活塞杆相连接的螺杆前进，将螺杆头部前面已均匀塑化的物料以一定的压力和速度注射入模腔，直到熔体充满模腔为止。

熔体充模顺利与否，取决于注射的压力和速度、熔体的温度和模具的温度等。这些参数决定了熔体的粘度和流动特性。注射压力是为了使熔体克服料筒、喷嘴、浇注系统和模腔等处的阻力，以一定的速度注射入模；一旦充满，模腔内压迅速到达最大值，充模速度则迅速下降。模腔内物料受压紧，密实，符合成型制品的要求。注射压力的过高或过低，造成充模的过量或不足，都将影响制品的外观质量和材料的大分子取向程度。注射速度影响熔体填充模腔时的流动状态。速度快，充模时间短，熔体温差小，则制品密度均匀，熔接强度高，尺寸稳定性好，外观质量好；反之，若速度慢，充模时间长，由于熔体流动过程的剪切作用使大分子取向程度大，则制品各向异性。

(3) 保压　熔体注入模腔后，由于模具的低温冷却作用，使模腔内的熔体产生收缩。为了保证注射制品的致密性、尺寸精度和强度，必须使注射系统对模具施加一定的压力（螺杆对熔体保持一定压力),对模腔塑件进行补塑,直到浇注系统的塑料冻结为止。

保压过程包括控制保压压力和保压时间的过程,它们均影响制品的质量。保压压力可以等于或低于充模压力,其大小以达到补塑增密为宜。保压时间以压力保持到浇口凝封时为好。若保压时间不足,模腔内的物料会倒流,使制品缺料;若时间过长或压力过大,充模量过多,将使制品的浇口附近的内应力增大,制品易开裂。

(4) 制品的冷却和预塑化　当模具浇注系统内的熔体冻结到其失去从浇口回流可能性时,即浇口封闭时,就可卸去保压压力,使制品在模内充分冷却定型。其间主要控制冷却的温度和时间。

在冷却的同时,螺杆传动装置开始工作,带动螺杆转动,使料斗内的塑料经螺杆向前输送,并在料筒的外加热和螺杆剪切作用下使其熔融塑化。物料由螺杆运到料筒前端,并产生一定压力。在此压力作用下螺杆在旋转的同时向后移动,当后移到一定距离,料筒前端的熔体达到下次注射量时,螺杆停止转动和后移,准备下一次注射。

塑料的预塑化与模具内制品的冷却定型是同时进行的,但预塑时间必定小于制品的冷却时间。

(5) 脱模　模腔内的制品冷却定型后,合模装置即开启模具,并自动顶落制品。

2. 注射成型工艺条件

注射成型工艺的核心问题是要求得到塑化良好的塑料熔体并把它顺利注射到模具中去,在控制的条件下冷却定型,最终得到合乎质量要求的制品。因此,注射最重要的工艺条件是影响塑化流动和冷却的温度、压力和相应的各个作用的时间。

(1) 温度　注射成型过程需要控制的温度包括料筒温度、喷嘴温度和模具温度。前两者关系到塑料的塑化和流动,后者关系到塑料的成型。

a. 料筒温度　料温的高低,主要决定于塑料的性质,必须把塑料加热到粘流温度(T_f)或熔点(T_m)以上,但必须低于其分解温度(T_d)。

料温对注射成型工艺过程及制品的物理机械性能有密切关系。随着料温升高,熔体粘度下降,料筒、喷嘴、模具的浇注系统的压力降减小,塑料在模具中流程就长,从而改善了成型工艺性能,注射速度大,塑化时间和充模时间缩短,生产率上升。但若料温太高,易引起塑料热降解,制品物理机械性能降低。而料温太低,则容易造成制品缺料,表面无光,有熔接痕等,且生产周期长,劳动生产率降低。

在决定料温时,必须考虑塑料在料筒内的停留时间,这对热敏性塑料尤其重要,随着温度升高物料在料筒内的停留时间应缩短。

料筒温度通常从料斗一侧起至喷嘴分段控制,由低到高,以利于塑料逐步塑化。各段之间的温差约为 30℃~50℃。

b. 喷嘴温度　塑料在注射时是以高速度通过喷嘴的细孔的,有一定的摩擦热产生,为了防止塑料熔体在喷嘴可能发生"流涎现象",通常喷嘴温度略低于料筒的最高温度。

c. 模具温度　模具温度不但影响塑料充模时的流动行为,而且影响制品的物理机械性能和表观质量。

结晶型塑料注射入模型后,将发生相转变,冷却速率将影响塑料的结晶速率。缓冷,即模温高,结晶速率大,有利结晶,能提高制品的密度和结晶度,制品成型收缩性较大,刚度大,大多数力学性能较高，但伸长率和冲击强度下降。骤冷所得制品的结晶度下降，韧性较好。但骤冷不利于大分子的松弛过程，分子取向作用和内应力较大。中速冷塑料的结晶和取向较适中，是常用的条件。

无定型塑料注射入模时，不发生相转变，模温的高低主要影响熔体的粘度和充模速率。在顺利充模的情况下，较低的模温可以缩短冷却时间，提高成型效率。所以对于熔融粘度较低的塑料，一般选择较低的模温；反之，必须选择较高模温。选用低模温，虽然可加快冷却，有利提高生产效率，但过低的模温可能使浇口过早凝封，引起缺料和充模不全。

（2）压力　注射过程中的压力包括塑化压力（背压）和注射压力，是塑料塑化充模成型的重要因素。

a. 塑化压力（背压）　预塑化时，塑料随螺杆旋转，塑化后堆积在料筒的前部，螺杆的端部塑料熔体产生一定的压力，称为塑化压力，或称螺杆的背压，其大小可通过注射机油缸的回油背压阀来调整。

螺杆的背压影响预塑化效果。提高背压，物料受到剪切作用增加，熔体温度升高，塑化均匀性好，但塑化量降低。螺杆转速低则延长预塑化时间。

螺杆在较低背压和转速下塑化时，螺杆输送计量的精确度提高。对于热稳定性差或熔融粘度高的塑料应选择较低的转速；对于热稳定性差或熔体粘度低的塑料则选择较低的背压。螺杆的背压一般为注射压力的 $5\%\sim20\%$。

b. 注射压力　注射压力的作用是克服塑料在料筒、喷嘴及浇注系统和型腔中流动时的阻力，给予塑料熔体足够的充模速率，能对熔体进行压实，以确保注射制品的质量。注射压力的大小取决于模具和制件的结构、塑料的品种以及注射工艺条件等。

塑料注射过程中的流动阻力决定于塑料的摩擦因数和熔融粘度，两者越大，所要求的注射压力越高。而同一种塑料的摩擦因数和熔融粘度是随料筒温度和模具温度而变动的，所以在注射过程中注射压力与塑料温度实际上是相互制约的。料温高时注射压力减小；反之，所需注射压力加大。

（3）时间　完成一次注射成型所需的全部时间称为注射成型周期，它包括注射（充模、保压）时间、冷却（加料、预塑化）时间及其他辅助（开模、脱模、嵌件安放、闭模）时间。

注射时间中的充模时间主要与充模速度有关。保压时间依赖于料温、模温以及主流道和浇口的大小，对制品尺寸的准确性有较大影响，保压时间不够，浇口未凝封，熔料会倒流，使模内压力下降，会使制品出现凹陷、缩孔等现象。冷却时间取决于制品的厚度、塑料的热性能、结晶性能以及模具温度等。冷却时间以保证制品脱模时不变形绕曲，而时间又较短为原则。成型过程中应尽可能地缩短其他辅助时间，以提高生产效率。

热塑性塑料的注射成型，主要是一个物理过程，但高聚物在热和力的作用下难免发生某些化学变化。注射成型应选择合理的设备和模具结构，制订合理的工艺条件，以使化学变化减少到最小的程度。

三、设备仪器与原料

1. 设备仪器

（1）BOY 22S 移动螺杆式塑料注射机　移动螺杆式塑料注射成型机的基本结构如图

26-1所示,主要包括注射装置、锁模装置、液压传动系统和电路控制系统。

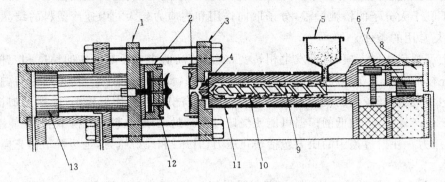

图 26-1 移动螺杆式注射机结构示意图
1—动模板;2—注射模具;3—定模板;4—喷嘴;5—料斗;
6—螺杆传动齿轮;7—注射油缸;8—液压泵;9—螺杆;10—加热料筒;
11—加热器;12—顶出杆(销);13—锁模油缸

(2)注射模具(力学性能试样模具)。
(3)温度计、秒表、卡尺等。

2. 原料

PP、HDPE,颗粒状塑料等。也可选用 PS、ABS、PA、POM 等。

四、准备工作

(1)原料准备,干燥 PP 或 HDPE 树脂。一般干燥条件是:烘箱温度为 80℃,时间 3～4h,若温度为 90℃,则仅需 2～3h。实际上,干燥处理的温度越低越好,但时间却需更久。干燥的原则是控制塑料的含水率低于 0.1%。
(2)详细观察、了解注射机的结构,工作原理,安全操作等。
(3)拟定各项成型工艺条件。
(4)安装模具并进行试模。

五、实验步骤

(1)注射机开车。接通电源,进行空车、空负荷运转几次。
(2)设定各项成型工艺条件,对料筒进行加热,达到预定温度后,稳定 30min。
(3)注射成型操作。按照以下预定程序进行操作。
  ① 闭模及低压闭模。由行程开关切换实现慢速—快速—低压慢速—高压的闭模过程。
  ② 注射机机座前进及高压闭紧。
  ③ 注射充模。
  ④ 保压。
  ⑤ 加料预塑。可选择固定加料或前加料或后加料等不同方式。
  ⑥ 开模。由行程开关切换实现慢速—快速—慢速—停止的启模过程。
  ⑦ 取出制品。

(4) 重复上述操作程序,在不同保压时间和冷却时间下注射制品。
(5) 测定制品的成型收缩率,测试注射样品的力学性能。

六、数据处理

测量注射模腔的单向长度 L_1,测量注射样品在室温下放置 24h 后的单向长度 L_2,按下式计算成型收缩率:

$$收缩率\% = \frac{L_1 - L_2}{L_1} \times 100 \tag{26-1}$$

七、注意事项

(1) 根据实验的要求可选用点动、手动、半自动、全自动等操作方式,选择开关设在控制箱内。

① 点动:适宜调整模具,选用慢速点动操作,以保证校模操作的安全性(料筒必须没有塑化的冷料存在)。

② 手动:选择开关在"手动"位置,调整注射和保压时间继电器,关上安全门。每揿一个按钮,就相当于完成一个动作,必须按顺序一个动作做完才揿另一个动作按钮。手动操作一般是在试车、试制、校模时选用。

③ 半自动:将选择开关转至"半自动"位置,关好安全门,则各种动作会按工艺程序自动进行。即依次完成闭模、稳压、注射座前进、注射、保压、预塑(螺杆转动并后退)、注射座后退、冷却、启模和制品顶出。开安全门,取出制品。

④ 全自动:将选择开关至"全自动"位置,关上安全门,则机器会自行按照工艺程序工作,最后由顶出杆顶出制品。由于光电管的作用,各个动作周而复始,无须打开安全门,但要求模具有完全可靠的自动脱模装置。

(2) 在行驶操作时,须把限位开关及时间继电器调整到相应的位置上。

(3) 未经实验室工作人员的许可,不得操作注射机或任意动注射机控制仪表上的按钮和开关。

(4) 不得将金属工具接触模具型腔。

实验26 实验记录及报告

热塑性塑料注射成型

班 级：_____ 姓 名：_____ 学 号：_____

同组实验者：_____ _____ 实验日期：_____

指导教师签字：_____ 评 分：_____

（实验过程中，认真记录并填写本实验数据，实验结束后，送交指导教师签字）

一、实验数据记录

(1) 树脂名称及牌号_____；
(2) 原料干燥温度和时间_____ ℃ _____ h；
(3) 原料使用质量_____ kg；
(4) 注射机型号_____；
(5) 螺杆形式_____；
(6) 喷嘴形式_____；
(7) 模具形式_____；
(8) 料筒温度 _____ ℃, _____ ℃, _____ ℃, _____ ℃；
(9) 模具温度 _____ ℃；
(10) 注射压力_____ MPa；
(11) 注射充模时间_____ s；
(12) 保压时间1_____ s，保压时间2_____ s；
(13) 冷却时间1_____ s，冷却时间2_____ s；
(14) 螺杆前进速度_____ mm/s；
(15) 加料量_____ g；
(16) 模腔的单向长度 L_1 _____ mm；
(17) 实验现象_____
_____。

二、数据处理

项目 \ 试样	保压时间(s)	冷却时间(s)
注射样品单向长度 L_2(mm)		
成型收缩率(%)		
拉伸强度(MPa)		
抗冲强度(kJ/mm^2)		
弯曲强度(MPa)		

三、回答问题及讨论

1. 注射 PS 塑料时，其成型工艺条件及物理机械性能有何不同？

2. 保压时间的长短对成型制品有何影响？

3. 注射成型聚丙烯厚壁制品容易出现哪些缺陷？怎样从工艺上予以改善？

实验 27 橡胶制品的成型加工

一、实验目的

(1) 掌握橡胶制品配方设计的基本知识,熟悉橡胶加工全过程和橡胶制品模型硫化工艺;

(2) 了解橡胶加工的主要机械设备,如开炼机、平板硫化机等基本结构,掌握这些设备的操作方法;

(3) 掌握橡胶物理机械性能测试试样制备工艺及性能测试方法。

二、实验原理

橡胶制品的基本工艺过程包括配合、生胶塑炼、胶料混炼、成型、硫化五个基本过程,如图 27-1 所示。

图 27-1 橡胶制品生产工艺过程

1. 生胶的塑炼

生胶是线型的高分子化合物,在常温下大多数处于高弹态。然而生胶的高弹性却给成型加工带来极大的困难,一方面各种配合剂无法在生胶中分散均匀,另一方面,由于可塑性小,不能获得所需的各种形状。为满足加工工艺的要求,使生胶由强韧的弹性状态变成柔软而具有可塑性状态的工艺过程称作塑炼。

生胶经塑炼以增加其可塑性,其实质是生胶分子链断裂,相对分子质量降低,从而使生胶的弹性下降。在生胶塑炼时,主要受到机械力、氧、热、电和某些化学增塑剂等因素的作用。工艺上用以降低生胶相对分子质量获得可塑性的塑炼方法可分为机械塑炼法和化学塑炼法两大类,其中机械塑炼法应用最为广泛。橡胶机械塑炼的实质是力化学反应过程,即以机械力作用及在氧或其他自由基受体存在下进行的。在机械塑炼过程中,机械力使大分子链断裂,氧对橡胶分子起化学降解作用,这两个作用同时存在。

本实验选用开炼机对天然橡胶进行机械法塑炼。生胶置于开炼机的两个相向转动的辊筒间隙中,在常温(小于 50℃)下反复受机械力作用,使分子链断裂,与此同时断裂后的大分子自由基在空气中氧的作用下,发生了一系列力学与化学反应,最终达到降解,生胶从原先强韧高弹性变为柔软可塑性,满足混炼的要求。塑炼的程度和塑炼的效率主要与辊筒的间隙和温度有关,若间隙愈小、温度愈低,力化学作用愈大,塑炼效率愈高。此外,塑炼的时间、塑炼工艺操作方法及是否加入塑解剂也影响塑炼的效果。

2. 橡胶的配合剂

常包括硫化剂、硫化促进剂、助促进剂、防老剂、填充剂、石蜡和机油等。橡胶必须经过交联（硫化）才能改善其物理机械性能和化学性能，使橡胶制品具有实用价值。硫磺是橡胶硫化的最常用的交联剂，本实验配方中的硫磺用量在 5phr[①] 之内，交联度不很大，所得制品柔软。选用两种促进剂对天然橡胶的硫化都有促进作用；不同的促进剂同时使用，是因为它们的活性强弱及活性温度有所不同，在硫化时将使促进交联作用更加协调、充分显示促进效果。助促进剂即活性剂在炼胶和硫化过程中起活化作用；化学防老剂多为抗氧剂，用来防止橡胶大分子因加工及其后的应用过程的氧化降解作用，以达到稳定的目的；石蜡与大多数橡胶的相容性不良，能集结于制品表面起到滤光阻氧等防老化效果，并且在成型加工中起润滑作用；碳酸钙作为填充剂有增容降成本作用，其用量多少也影响制品的硬度和力学强度。机油作为橡胶软化剂可改善混炼加工性能和制品柔软性。

3. 胶料的混炼

混炼就是将各种配合剂与塑炼胶在机械作用下混合均匀，制成混炼胶的过程。混炼过程的关键是使各种配合剂能完全均匀地分散在橡胶中，保证胶料的组成和各种性能均匀一致。

为了获得配合剂在生胶中的均匀混合分散，必须借助炼胶机的强烈机械作用进行混炼。混炼胶的质量控制对保持橡胶半成品和成品性能有着重要意义。混炼胶组分比较复杂，不同性质的组分对混炼过程、分散程度以及混炼胶的结构有很大的影响。

本实验混炼是在开炼机上进行的。为了取得具有一定的可塑度且性能均匀的混炼胶，除了控制辊距的大小、适宜的辊温（小于 90℃）之外，必须按一定的加料混合程序操作。一般的原则是：量少难分散的配合剂首先加到塑炼胶中，让其有较长的时间分散；量多易分散的配合剂后加；硫化剂应最后加入，因为一旦加入硫化剂，便可能发生硫化反应，过长的混炼时间将会使胶料焦烧，不利于其后的成型和硫化工序。

4. 橡胶制品的模型硫化

橡胶制品种类繁多，其成型方法也是多种多样的，最常见的有模压、注压、压出和压延等。由于橡胶大分子必须通过硫化才能成为最终的制品，所以橡胶制品的成型大部分仅限于半成品的成型。例如压出和压延等方法所得的具有固定断面形状的连续型制品及某些通过几部分半制品贴合而成的结构比较复杂的模型制品，这仅是半成品，其后均要经硫化反应才定型为制品。而注压和模压成型的制品其硫化已在成型时同时完成，所得的就是最终的制品。

本实验采用模压成型法（模型硫化法）制取天然软质硫化胶片，它是将一定量的混炼胶置于模具的型腔内，通过平板硫化机在一定的温度和压力下成型，同时经历一定的时间使胶料发生适当的交联反应，最终取得制品的过程。

天然橡胶的硫化反应机理是：在促进剂的活性温度下，由于活性剂的活化，促进剂分解成游离基，促使硫磺成为活性硫，同时聚异戊二烯主链上的双键打开形成橡胶大分子自由

注：① phr——每 100 份树脂中的含量，下同。

基,活性硫原子作为交联键桥使橡胶大分子间交联起来而成立体网状结构。硫化过程中主要控制的工艺条件是硫化温度、压力和时间,这些硫化条件对橡胶硫化质量有非常重要的影响。

三、仪器设备与原料

1. 仪器设备

(1) XK—160A 型双辊筒开放式炼胶机　开放式炼胶机的基本结构如图 27-2 所示,用于生胶塑炼和胶料混炼。

(2) 250kN 电热平板硫化机　平板硫化机的基本结构如图 27-3 所示,用于橡胶制品的模型硫化。

(3) 橡胶试片标准模具,型腔尺寸为 160mm×120mm×2mm。

(4) 橡胶机械性能试样裁刀及裁剪机。

(5) A 型邵氏硬度计。

(6) CMT2203 电子拉力试验机　电子拉力试验机的基本结构如图 34-2 所示,主要包括主机、加荷装置、试样变形测量装置、控制部分及记录计算部分。

(7) 台秤、盘架天平、弓形表面温度计、测厚仪、游标卡尺、炼胶刀等。

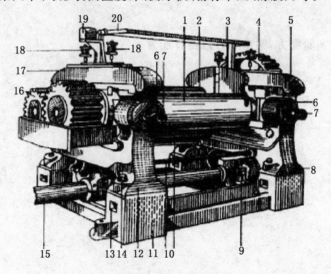

图 27-2　开炼机

1—前辊;2—后辊;3—挡板;4—大齿轮传动;5、8、12、17—机架;
6—刻度盘;7—控制螺旋杆;9—传动轴齿轮;10—加强杆;
11—基础板;13—安装孔;14—传动轴齿轮;15—传动轴;
16—摩擦齿轮;18—加油装置;19—安全开关箱;20—紧急停车装置

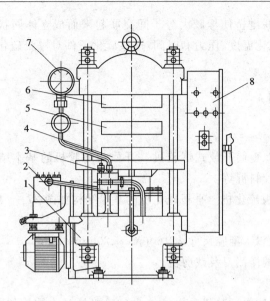

图 27-3 平板硫化机
1—机身；2—柱塞泵；3—控制阀；4—下热板；
5—中热板；6—上热板；7—压力表；8—电气部分

2. 原料(配方)

下列是指导性实验配方，学生可自行设计配方。

天然橡胶	100
硫磺	2.5
促进剂 CZ	1.5
促进剂 DM	0.5
硬酯酸	2.0
氧化锌	5.0
轻质碳酸钙	20~60
机油	0~5
石蜡	1.0
防老剂 4010-NA	1.0
着色剂	0.1

此配方为软质胶制品，用于成型标准试样用的胶片。

四、准备工作

(1) 在指导教师和实验室工作人员指导下，按机器的操作规程开动开放式炼胶机和平板硫化机，观察机器是否运转正常。
(2) 拟定实验配方及各项成型工艺条件。
(3) 加热平板硫化机。

五、实验步骤

1. 配料

按设计的配方准备原材料,用台秤和盘架天平准确称量并复核备用。

2. 生胶塑炼

(1) 破胶　调节辊距1.5mm,在靠近大牙轮的一端操作,以防损坏设备。生胶碎块依次连续投入两辊之间,不宜中断,以防胶块弹出伤人。

(2) 薄通　胶块破碎后,将辊距调到约0.5mm,辊温控制在45℃左右(以辊筒内通冷却水降温)。将破胶后的胶片在大牙轮的一端加入,使之通过辊筒的间隙,使胶片直接落到接料盘内。当辊筒上已无堆积胶时,将胶片扭转90°角重新投入到辊筒的间隙中,继续薄通到规定的薄通次数为止。

(4) 捣胶　将辊距放宽至1.0mm,使胶片包辊后,手握割刀从左向右割至近右边缘(不要割断),再向下割,使胶料落在接料盘上,直到辊筒上的堆积胶将消失时才停止割刀。割落的胶随着辊筒上的余胶带入辊筒的右方,然后再从右向左方向同样割胶。反复操作多次至达到所需塑炼程度。

(5) 辊筒的冷却　由于辊筒受到摩擦生热,辊温要升高,应经常以手触摸辊筒,若感到烫手,则适当通入冷却水,使辊温下降,并保持不超过50℃。

3. 胶料混炼

(1) 调节辊筒温度在50℃~60℃之间,后辊较前辊略低些。

(2) 包辊　塑炼胶置于辊缝间,调整辊距使塑炼胶既包辊又能在辊缝上部有适当的堆积胶。经2~3min的辊压、翻炼后,使之均匀连续地包裹在前辊上,形成光滑无隙的包辊胶层。取下胶层,放宽辊距至1.5mm左右,再把胶层投入辊缝使其包于后辊,然后准备加入配合剂。

(3) 吃粉　不同配合剂要按如下顺序分别加入:

固体软化剂→促进剂、防老剂和硬酯酸→氧化锌→补强剂和填充剂→液体软化剂→硫磺。

吃粉过程中每加入一种配合剂后都要捣胶两次。在加入填充剂和补强剂时要让粉料自然地进入胶料中,使之与橡胶均匀接触混合,而不必急于捣胶;同时还需逐步调宽辊距,使堆积胶保持在适当的范围内。待粉料全部吃进后,由中央处割刀分往两端,进行捣胶操作促使混炼均匀。

(4) 翻炼　在加硫磺之前和全部配合剂加入后,将辊距调至0.5~1.0mm,通常用打三角包、打卷或折叠及走刀法等对胶料进行翻炼3~4min,待胶料的颜色均匀一致、表面光滑即可下片。

(5) 胶料下片　混炼均匀后,将辊距调至适当大小,胶料辊压出片。测试硫化特性曲线的试片厚度为5~6mm,模压2mm胶板的试片厚度为(2.4±2)mm。下片后注明压延方向。胶片需在室温下冷却停放8h以上方可进行模型硫化。

(6) 混炼胶的称量:按配方的加入量,混炼后胶料的最大损耗为总量的0.6%以下,若超过这一数值,胶料应予以报废,须重新配炼。

4. 模型硫化

本实验制备一块 160mm×120mm×2mm 的硫化胶片,供机械性能测试用。

(1) 混炼胶试样准备　混炼胶首先经开炼机热炼成柔软的厚胶片,然后裁剪成一定的尺寸备用。胶片裁剪的平面尺寸应略小于模腔面积,而胶片的体积要求略大于模腔的容积。

(2) 模具预热　模具经清洗干净后,可在模具内腔表面涂上少量脱模剂,然后置于硫化机的平板上,在硫化温度 150℃下预热约 30min。

(3) 加料模压硫化　将已准备好的胶料试样毛坯放入已预热好的模腔内,并立即合模置于压机平板的中心位置。然后开动压机加压,经数次卸压放气后加压至胶料硫化压力 1.5～2.0MPa。当压力表指示到所需工作压力时,开始记录硫化时间。本实验要求保压硫化时间为 10min,在硫化到达预定时间稍前时,去掉平板间的压力,立即趁热脱模。

脱模后的硫化胶片应在室温下放在平整的台面上冷却并停放 6～12h 才能进行性能测试。

5. 硫化胶机械性能测试

测试硫化制品的 100%定伸应力、300%定伸应力、扯断强度、扯断伸长率、拉伸永久变形、邵氏(A)硬度。实验应在 23℃左右的室温下进行。

(1) 试样制备　硫化胶试片经过 12h 以上充分停放后,用标准裁刀在裁剪机上冲裁成哑铃型的试样。同一试片工作部分的厚度差异范围不准超过 0.1mm,每一种硫化胶试样的数量为 5 个。试样裁切参阅国家标准 GB/T528—92 的规定。

(2) 拉伸性能测试　将 5 个冲裁成的标准试片进行编号,在试样的工作部分印上两条距离为(25±0.5)mm 的平行线。用测厚仪测量标距内的试样厚度,测量部位为中心处及两标线附近共三点,取其平均值。拉伸性能测试参照国家标准 GB/T528—92 的规定。

(3) 邵氏(A)硬度测试　待测的硫化胶试片厚度不小于 6mm,若试样厚度不够,可用同样的试样重叠,但胶片试样的叠合不得超过 4 层,且要求上、下两层平面平行。试样的表面要求光滑、平整、无杂质等。邵氏(A)硬度测试参照国家标准 GB/T531—92 的规定。

六、数据处理

拉伸性能测试计算:

(1) 100%定伸应力 σ_{100}、300%定伸应力 σ_{300}、扯断强度 σ(MPa)

$$\sigma = \frac{P}{bh} \tag{27-1}$$

式中　P——定伸(扯断)负荷,N;
　　　b——试样宽度,cm;
　　　h——试样厚度,cm。

(2) 扯断伸长率 ε(%)

$$\varepsilon = \frac{L_1 - L_0}{L_0} \times 100 \tag{27-2}$$

式中　L_0——试样原始标线距离,mm;
　　　L_1——试样断裂时标线距离 mm。

(3) 永久变形 H_d(%)

$$H_d = \frac{L_2 - L_0}{L_0} \times 100 \tag{27-3}$$

式中　L_2——断裂的两块试样静置 3min 后拼接起来的标线距离(mm)。

同一实验的 5 个样品经取舍后的个数不应少于原试样数的 60%,试样取舍可以取中值,即舍弃最高和最低的数值,或把所有 5 个数值取其平均值。

七、注意事项

(1) 在开炼机上操作必须严格按操作规程进行,要求高度集中注意力。
(2) 割刀时必须在辊筒的水平中心线以下部位操作。
(3) 塑炼和混炼时禁止带手套操作。辊筒运转时,手不能接近辊缝处;双手尽量避免越过辊筒水平中心线上部,送料时手应作握拳状。
(4) 遇到危险时应立即触动开炼机安全刹车。
(5) 模型硫化实验时,平板硫化机及模具温度较高,应带手套进行操作,当心烫伤。

实验 27 实验记录及报告

橡胶制品的成型加工

班　级：_____　姓　名：_____　学　号：_____

同组实验者：_____ _____ _____　　实验日期：_____

指导教师签字：_____　　　　　　　评　分：_____

（实验过程中，认真记录并填写本实验数据，实验结束后，送交指导教师签字）

一、实验数据记录

（1）实验配方：

原料	份数(phr)	质量(g)
天然橡胶		
硫磺		
促进剂 CZ		
促进剂 DM		
硬脂酸		
氧化锌		
轻质碳酸钙		
机油		
石蜡		
防老剂 4010 - NA		
着色剂		

（2）胶料混炼时间_____ min；

（3）胶料混炼时辊筒温度_____ ℃；

（4）混炼后胶片放置时间_____ h；

（5）模型硫化温度：上模板_____ ℃，下模板_____ ℃；

（6）模型硫化压力_____ MPa；

（7）模型硫化时间_____ min；

（8）实验现象_____
_____。

二、数据处理

试样编号	1	2	3	4	5
工作部分宽度 b(cm)					
工作部分厚度 h(cm)					
100%定伸负荷 P(N)					
100%定伸强度 σ_{100}(MPa)					
σ_{100} 平均值(MPa)					
300%定伸负荷 P(N)					
300%定伸强度 σ_{300}(MPa)					
σ_{300} 平均值(MPa)					
扯断负荷 P(N)					
扯断强度 σ(MPa)					
σ 平均值(MPa)					
$L_1 - L_0$(mm)					
扯断伸长率 ε(%)					
ε 平均值(%)					
L_2(mm)					
永久变形 H_d(%)					
H_d 平均值(%)					
邵氏(A)硬度					
邵氏(A)硬度平均值					

三、回答问题及讨论

1. 天然生胶、塑炼胶、混炼胶和硫化胶的机械性能和结构实质有何不同？

2. 生胶塑炼的温度、时间及开炼机辊距对塑炼效果有何影响？

3. 混炼的加料顺序,混炼时间和温度对混炼的质量有何影响?

4. 橡胶常用的配合剂有哪些?

5. 橡胶硫化的工艺条件是如何确定的?

6. 分析硫化胶的外观质量和机械性能与实验配方和工艺操作等因果关系。

实验 28

橡胶硫化特性实验

一、实验目的

(1) 理解橡胶硫化特性曲线测定的意义;
(2) 了解 LH—90 型橡胶硫化仪的结构原理及操作方法;
(3) 掌握橡胶硫化特性曲线测定和正硫化时间确定的方法。

二、实验原理

硫化是橡胶制品生产中最重要的工艺过程,在硫化过程中,橡胶经历了一系列的物理和化学变化,其物理机械性能和化学性能得到了改善,使橡胶材料成为有用的材料,因此硫化对橡胶及其制品是十分重要的。

硫化是在一定温度、压力和时间条件下使橡胶大分子链发生化学交联反应的过程。

橡胶在硫化过程中,其各种性能随硫化时间增加而变化。橡胶的硫化历程可分为焦烧、预硫、正硫化和过硫四个阶段。如图 28-1 所示。

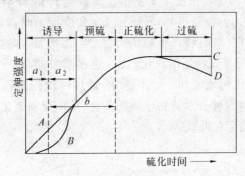

图 28-1 橡胶硫化历程
A—起硫快速的胶料;B—有延迟特性的胶料;
C—过硫后定伸强度继续上升的胶料;D—具有返原性的胶料;
a_1—操作焦烧时间;a_2—剩余焦烧时间;b—模型硫化时间

焦烧阶段又称硫化诱导期,是指橡胶在硫化开始前的延迟作用时间,在此阶段胶料尚未开始交联,胶料在模型内有良好的流动性。对于模型硫化制品,胶料的流动、充模必须在此阶段完成,否则就发生焦烧。

预硫化阶段是焦烧期以后橡胶开始交联的阶段。随着交联反应的进行,橡胶的交联程度逐渐增加,并形成网状结构,橡胶的物理机械性能逐渐上升,但尚未达到预期的水平。

正硫化阶段,橡胶的交联反应达到一定的程度,此时的各项物理机械性能均达到或接近最佳值,其综合性能最佳。

过硫化阶段是正硫化以后继续硫化,此时往往氧化及热断链反应占主导地位,胶料会出现物理机械性能下降的现象。

由硫化历程可以看到，橡胶处在正硫化时，其物理机械性能或综合性能达到最佳值，预硫化或过硫化阶段胶料性能均不好。达到正硫化状态所需的最短时间为理论正硫化时间，也称正硫化点，而正硫化是一个阶段，在正硫化阶段中，胶料的各项物理机械性能保持最高值，但橡胶的各项性能指标往往不会在同一时间达到最佳值，因此准确测定和选取正硫化点就成为确定硫化条件和获得产品最佳性能的决定因素。

从硫化反应动力学原理来说，正硫化应是胶料达到最大交联密度时的硫化状态，正硫化时间应由胶料达到最大交联密度所需的时间来确定比较合理。在实际应用中是根据某些主要性能指标（与交联密度成正比）来选择最佳点，确定正硫化时间。

目前用转子旋转振荡式硫化仪来测定和选取正硫化点最为广泛。这类硫化仪能够连续地测定与加工性能和硫化性能有关的参数，包括初始粘度、最低粘度、焦烧时间、硫化速度、正硫化时间和活化能等。实际上硫化仪测定记录的是转矩值，以转矩的大小来反映胶料的硫化程度，其测定的基本原理根据弹性统计理论：

$$G = \rho R T \tag{28-1}$$

式中　G——剪切模量，MPa；
　　　ρ——交联密度，mol/mL；
　　　R——气体常数，Pa·L/(mol·K)；
　　　T——绝对温度，K。

即胶料的剪切模量 G 与交联密度 ρ 成正比。而 G 与转矩 M 存在一定的线性关系。从胶料在硫化仪的模具中受力的分析可知，转子作±3°角度摆动时，对胶料施加一定的作用力可使之产生形变。与此同时，胶料将产生剪切力、拉伸力、扭力等，这些合力对转子将产生转矩 M，阻碍转子的运动。随着胶料逐渐硫化，其 G 也逐渐增加，转子摆动在固定应变的情况下，所需转矩 M 也就成正比例地增加。综上所述，通过硫化仪测得胶料随时间的应力变化（硫化仪以转矩读数反映），即可表示剪切模量的变化，从而反映硫化交联过程的情况。图28-2为由硫化仪测得胶料的硫化曲线。

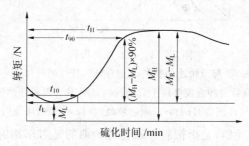

图 28-2　硫化曲线

在硫化曲线中，最小转矩 M_L 反映胶料在一定温度下的可塑性，最大转矩 M_H 反映硫化胶的模量，焦烧时间和正硫化时间根据不同类型的硫化仪有不同的判别标准，一般取值是：转矩达到 $(M_H - M_L) \times 10\% + M_L$ 时所需的时间 t_{10} 为焦烧时间，转矩达到 $(M_H - M_L) \times 90\% + M_L$ 时所需的时间 t_{90} 为正硫化时间，$t_{90} - t_{10}$ 为硫化反应速度，其值越小，硫化速度越快。

三、实验仪器与样品

1. 实验仪器

LH—90 型橡胶硫化仪为微机控制转子旋转振动硫化仪。其基本结构如图 28-3 所示。主要包括主机传动部分、应力传感器与微机控制和数据处理系统等。主机包括开启模的风筒、上下加热模板 5、转子 4、主轴、偏心轴、传感器、蜗轮减速机和电机等部分。硫化仪工作原理是该仪器的工作室(模具)内有一转子不断地以一定的频率(1.7±0.1)Hz 作微小角度(±3°)的摆动。而包围在转子外面的胶料在一定的温度和压力下,其硫化程度逐步增加,模量则逐步增大,造成转子摆动转矩也成比例地增加。转矩值的变化通过仪器内部的传感器换成信号送到记录仪上放大并记录下来,转矩随时间变化的曲线即为硫化特性曲线。

2. 实验样品

橡胶混炼胶。混炼胶配方和制备见实验 27,一般胶料混炼后 2h 即可以进行实验,但不得超过 10 天。

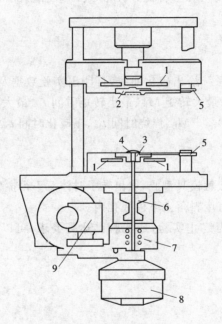

图 28-3 硫化仪结构

1—加热器;2—上模;3—下模;4—转子;5—温度计上、下加热模板;
6—扭距传感器;7—轴承;8—气动夹持器;9—电动机和齿轮箱

四、准备工作

(1) 仔细观察、了解硫化仪的结构,工作原理和操作规程等。

(2) 样品准备。试样是两个直径约为 38mm、厚度约 5mm 的圆片,其中一个圆片中有一直径约 10mm 的孔,可用裁刀或剪刀加工而得。试样不应含杂质、气孔及灰尘等。

五、实验步骤

(1) 接通总开关,电源供电,指示灯亮。

(2) 开动压缩机为模腔备压。

(3) 设定仪器参数:温度、量程、测试时间等。待上、下模温度升至设定温度,稳定 10min。

(4) 开启模具,将转子插入下模腔的圆孔内,通过转子的槽楔与主轴联接好。闭合模具后,转子在模腔内预热 1min,开模,将胶料试样置于模腔内,填充在转子的四周,然后闭模。装料闭模时间愈短愈好。

(5) 模腔闭合后立即启动电机,仪器自动进行实验。

(6) 实验到预设的测试时间,转子停止摆动,上模自动上升,取出转子和胶样。

(7) 清理模腔及转子。

(8) 在其他条件不变的情况下,同一种胶料分别以几个不同的温度作硫化特性实验。对天然橡胶,依次以 140℃、150℃、160℃、170℃ 和 180℃ 等温度测定其硫化特性曲线。

六、数据处理

硫化仪微机数据处理系统绘出硫化曲线,打印出实验数据及硫化曲线。对硫化曲线进行解析,求出最小转矩 M_L、最大转矩 M_H、最小转矩时间 t_L、最大转矩时间 t_H、$(M_H-M_L) \times 10\% + M_L$、$(M_H-M_L) \times 90\% + M_L$、焦烧时间 t_{10}、正硫化时间 t_{90}、硫化反应速度 $t_{90}-t_{10}$。

七、注意事项

(1) 不得使金属工具接触模具型腔,取出转子时注意不得擦伤模具型腔和转子。

(2) 清理模腔时不能有废料落入下模腔孔内。

(3) 在测试时间内若需终止实验,或实验已达到要求,可以通过微机控制系统停止测试。

实验 28　实验记录及报告

橡胶硫化特性实验

班　级：_____　姓　名：_____　学　号：_____

同组实验者：_____　_____　_____　实验日期：_____

指导教师签字：_____　　　　　　　　评　分：_____

（实验过程中，认真记录并填写本实验数据，实验结束后，送交指导教师签字）

一、实验数据记录

1. 仪器型号_____；
2. 胶料名称_____；
3. 胶料配方_____
　_____
　_____；
4. 胶料质量_____g；
5. 测试温度_____℃，_____℃，_____℃，_____℃，_____℃；
6. 转矩量程_____N·m；
7. 合模力_____kN；
8. 实验现象_____
　_____。

二、数据处理

实验序号	1	2	3	4	5
测试温度（℃）	140	150	160	170	180
最小转矩 M_L(N·m)					
最大转矩 M_H(N·m)					
最小转矩时间 t_L(min)					
最大转矩时间 t_H(min)					
$(M_H-M_L)\times 10\%+M_L$(N·m)					
$(M_H-M_L)\times 90\%+M_L$(N·m)					
焦烧时间 t_{10}(min)					
正硫化时间 t_{90}(min)					
硫化反应速度 $t_{90}-t_{10}$(min)					

三、回答问题及讨论

1. 未硫化胶硫化特性的测定有何实际意义？

2. 影响硫化特性曲线的主要因素是什么？

3. 为什么说硫化特性曲线能近似地反映橡胶的硫化历程？

4. 分析不同温度下取得的硫化特性曲线，指出本实验胶料较理想的硫化工艺条件，为什么？

实验 29

硬聚氯乙烯的成型加工

一、实验目的

(1) 掌握聚氯乙烯配方设计的基本知识；
(2) 掌握硬聚氯乙烯成型加工各个环节及其与制品质量的关系；
(3) 了解聚氯乙烯成型加工常用设备的基本结构原理，学会加工设备的操作方法；
(4) 掌握塑料抗冲试样的制备和性能测试技术，对本实验结果进行分析讨论。

二、实验原理

聚氯乙烯(PVC)塑料是应用广泛的热塑性塑料。通常 PVC 塑料可分为软、硬两大类，两者的主要区别在于塑料中增塑剂的含量。

纯粹的 PVC 树脂是不能单独成为塑料的，因为 PVC 树脂具有热敏性，加工成型时在高温下很容易分解，且熔融粘度大、流动性差，因此在 PVC 中都需要加入适当的配合剂，通过一定的加工程序制成均匀的复合物，才能成型得到制品。

PVC 塑料的成型加工包括配方设计、混合与塑化、成型等工艺过程。本实验是采用压制法获得硬 PVC 板材并测量其力学性能。

1. 配方设计

PVC 塑料是多组分塑料，为了使 PVC 塑料具有良好的加工性能和使用性能，塑料中各组分的选择和配合是很重要的。

PVC 树脂是配方的主体，它决定材料的主要性能。PVC 树脂通常是白色粉状固体，有不同的形态和颗粒细度，也有不同聚合度的几种型号。本实验为硬质 PVC 的一个基本配方，选用聚合度为 700~1 000 的悬浮法疏松型树脂，它有较好的加工性能，又能满足硬 PVC 的要求。

由于使用上的要求不同，PVC 塑料可以配制成硬度差异很大的材料。通常在配方中增塑剂含量在 10phr 以内，所得材料硬度较大，而增塑剂在 40~70phr 时所得材料柔软而富于弹性。但如果配方中加入大量的填充料，即使增塑剂用量较多时，也可成为硬性材料。DOP (邻苯二甲酸二辛酯)用作增塑剂，其极性较大，与 PVC 有良好的相容性，增塑效率高，少量加入可以大大改善加工性能而又不致于过多降低材料的硬性。

由于 PVC 树脂受热易分解，在加工过程中容易分解放出 HCl，因此必须加入碱性的三盐基硫酸铅和二盐基亚磷酸铅，使 HCl 中和，否则树脂的降解现象会愈加剧烈。此外，又因 PVC 在受热情况下还有其他复杂的化学变化，为此在配方中还加入硬酯酸盐类化合物，同样起热稳定作用。添加石蜡等润滑剂，起到降低熔体粘度，利于加工，成型时易脱模等作用。在 PVC 塑料中添加碳酸钙等填充剂，可大大降低产品的成本。

此外，为了改善 PVC 塑料的抗冲性能、耐热性能和加工流动性，常可按要求加入各种改性剂,如 CPE、ACR 等抗冲改性剂,丙烯酸酯类和苯乙烯类共聚物等加工改性剂和热性能改性剂等。

2. 混合与塑化

PVC 塑料是多组分物料,其配制通常要经过混合和塑化两个工序。混合可以在高速混合机或捏合机中进行,是物料的初混合,它是在 PVC 的流动温度以下和较小的剪切作用力下进行的,目的是提高树脂的颗粒和各组分之间的分布均匀性,属非分散混合。混合时由于设备对物料的加热和搅拌作用,使各组分有相互对流的效果;物料层间的剪切作用,使彼此间增大了接触面。这样,树脂颗粒在吸收液体配合剂的同时,又受到反复捏合,最终便形成均匀的粉状掺混物。物料混合的终点可以凭经验观察混合物颜色的变化看是否均匀;也可取样热压薄试片,并借助放大镜观察白色的稳定剂和着色剂斑点的大小和分布是否均匀,以及有无物料结聚粗粒等状况,以判断混合的均匀程度。

塑化过程是在树脂的流动温度以上和强大的剪切作用力下在双辊筒炼塑机或密炼机中进行的,是物料在初混合基础上的再混合过程,是发生粒子尺寸减小到极限值,同时增加相界面和提高混合物组分均匀性的混合过程。在此过程中,树脂熔融流动,以大分子的形式同各组分接触、掺混,在剪切力的作用下受挤压、折叠,物料相互分散更均匀。与此同时驱出物料中的水分和挥发性气体,增大了密度。这样,通过混合与塑化,物料就成为既均匀、又有良好的流动性和适宜的密度的可塑性物料。

对 PVC 塑料来说,混合和塑化的全过程都应该是物理变化过程,应严格控制温度和作用力,要尽量避免可能发生的化学反应,或把可能发生的化学变化控制到最低的限度。因此,在混合和塑化时,凡是与料温和剪切作用等有关的工艺参数、设备的特征及操作的熟练程度等都是影响混合和塑化效果的重要因素。

3. 压制成型

PVC 塑料适合多种成型加工方法生产各种各样的制品。本实验是应用压制法加工成 PVC 硬板。成型过程包括物料的熔融、流动、充模成型和最后冷却定型等程序,是物理变化过程,不应发生化学变化。正确选择和控制压制的温度、压力、保压的时间及冷却定型程度等都是很重要的。

硬 PVC 塑料成型温度、流动与成型的时间关系如图 29-1 所示。从图可知,压制成型时,通常在不影响制品性能的前提下,适当提高成型温度,可以缩短成型时间,而且可降低成型压力,减少动力消耗。但是过高的压制温度或过长的受热时间都会使树脂降解、制品变色,质量全面下降。因此,压制工艺条件要适宜。

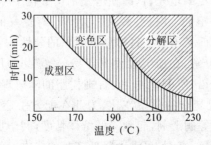

图 29-1 硬 PVC 成型温度范围

三、仪器设备与原料

1. 仪器设备

(1) GH—10 型高速混合机　高速混合机的基本结构如图 29-2 所示。用于物料的初混合。

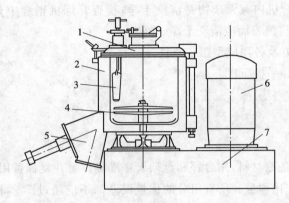

图 29-2　高速混合机

1—容器盖；2—回转容器；3—挡板；4—快速叶轮；5—放料口；6—电动机；7—机座

(2) SK—160 B 型双辊筒开放式炼塑机　开放式炼塑机的基本结构同实验 27 的开放式炼胶机，但炼塑机附有电加热及温控装置。用于物料的塑化分散混合。

(3) 250kN 电热平板压机　平板压机的基本结构同实验 27 的平板硫化机。用于压制成型。

(4) 塑料板材模具，型腔尺寸为 220mm×170mm×4mm。

(5) XJS 制样机　制样机包括板材切断机、缺口铣切机和哑铃形铣切机三部分。是对已成型的塑料板材进行机械切削加工的设备，可以加工塑料及其他非金属材料板材的冲击、拉伸、压缩和热性能等多种试验用的标准试样。

(6) XJJ—5 简支梁冲击仪　包括机架、摆锤和指示系统三部分。

(7) 台秤、盘架天平、弓形表面温度计、游标卡尺、瓷盘、炼胶刀等。

2. 原料（配方）

下列是指导性实验配方，学生可自行设计配方。

PVC 树脂（SW—1000）	100
邻苯二甲酸二辛酯（DOP）	5
三盐基性硫酸铅	3
二盐基亚磷酸铅	2
硬酯酸钡	1.5
硬酯酸钙	1.0
石蜡	0.5
轻质碳酸钙	0~15
CPE 或 ACR	0~10
着色剂	适量

此配方为制备 PVC 硬板。

四、准备工作

(1) 在指导教师和实验室工作人员指导下，按机器的操作规程开动高速混合机、开放式炼塑机和平板压机，观察机器是否运转正常，试验开炼机急刹车装置。

(2) 检查高速混合机内有无杂物并清洗干净；检查开炼机辊缝中是否有杂质粘积在辊筒上，以免损坏辊筒，辊筒表面应清洗干净、光洁。

(3) 拟定实验配方及各项成型工艺条件。

(4) 加热开炼机和平板压机。

五、实验步骤

1. 配料

按设计的配方准备原材料，用台秤和盘架天平准确称量并复核备用。以 PVC 树脂 300g 为基准，其他助剂按配比称量。所有组分的称量误差都不应超过 1%，根据配方中组分用量多少，选用灵敏度适当的天平或台秤。

2. 混合

(1) 将已称量好的 PVC 树脂和粉状配合剂组分加入到高速混合机中，盖上釜盖，开机混合 2~3min。搅拌桨转速调整至 1500r/min，同时加热，温控 80℃左右。

(2) 停机，将液状组分徐徐加入，再开机混合 5min。

(3) 高速混合的全部时间通常为 7~8min。达到混合时间后，停机，打开出料阀卸料备用。

(4) 待物料排出后，静止 5min，打开釜盖，扫出混合器内全部余料。

3. 开炼塑化

(1) 辊筒恒温后，开动机器运转并调节辊筒间隙在 0.5~1mm 范围内。

(2) 在两辊筒的上部加入初混合的物料。开始操作时，从辊筒间隙落下来的物料应立即加往辊筒上，不能让其在辊筒下方接料盘内停留时间过长，且注意要经常保持一定量的辊隙上方存料。待辊筒表面出现均匀的塑化层时，混合料从易碎的不连续的凝胶状转为粘结包辊的连续状料层，此时可渐渐放宽辊距，控制一定的料层厚度，以便进一步进行切割翻炼。

(3) 用炼胶刀不断地切割料层并使之从辊筒上拉下来折叠后再投入辊缝间辊压；或者把料层翻卷成卷后再使之垂直于辊筒轴向进入辊缝，经过数次这样的翻炼，使各组分尽可能分散均匀。

(4) 将辊距调至 1mm 以内，使塑化料变成薄层通过辊缝。以打卷或打三角包形式薄通 1~2 次，若观察物料色泽均匀、切口断面不显毛粒、表面光洁并有一定的强度时，开炼塑化即可终止。从开始投料至塑化完全一般控制在 10min 以内。

(5) 塑化完成后，用炼胶刀把包辊层整片拉下、平整放置，同时裁剪成适当尺寸的板坯，以备压制成型时用。

4. 压制成型

本实验要求压制成型硬 PVC 板材,尺寸为 220mm×170mm×4mm。

(1) 通过加热和温控装置将平板压机上、下模板温度控制在(180±5)℃。

(2) 将压制模具放入压机上、下模板间,在压制温度下预热 10min。

(3) 按成型模具的容积及硬 PVC 塑料的相对密度(约 1.4)计算加料量,称量裁剪好的硬 PVC 塑化板坯约 230g,放置在模具的模腔内,模具闭合后置于压机模板的中心位置,在已加热的模板间接触闭合的情况下(未受压力)预热约 10min。

(4) 开动压机加压至所需的表压读数,使受热熔化的塑料慢慢流动而充满模具的型腔,经 2~5 次卸压放气后,在恒压下保持约 5min。硬 PVC 压制成型的热压压力约为 5~10MPa。应根据压制板材的面积及压机的技术参数计算压制成型时压机的表压(操作压力)。

(5) 卸压取出模具,连同压制成型的物料趁热迅速转至同样规格的冷压机上,快速加压至冷压所需的表压读数,在受压条件下进行冷却定型。热压压力约为 15~20MPa。

(6) 冷却定型的时间应视实验时的环境温度而异。要求冷却到 80℃以下,待硬 PVC 板材充分冷却固化后,解除压力,脱模去除毛边即得制品。

5. 制样

在 XJS 制样机上把硬 PVC 板切割成简支梁型冲击试样 5 根。按 GB/T l043—93 的规定冲击试样的尺寸为 50mm×6mm×4mm,在试样中部开缺口,缺口深度为试样高度的 1/3,缺口宽度为 0.8mm。缺口试样要求切口平整、表面光洁、无杂质及气泡等缺陷。

6. 性能测试

硬 PVC 有多项使用性能,其中最主要的有拉伸强度、弯曲强度、冲击强度、热变形温度、受热尺寸变化率和耐酸碱腐蚀性能等。本实验仅测试其常温简支梁缺口冲击强度。

将 5 个简支梁型冲击试样进行编号,用游标卡尺测量试样宽度和剩余缺口厚度。按 GB/T l043—93 的规定在简支梁冲击试验机上测试硬 PVC 的缺口冲击强度。试验温度为 (23±2)℃。

六、数据处理

在简支梁冲击试验机上获得的是试样冲断时消耗的功,此功除以试样的横截面积,即为材料的冲击强度 a_i(kJ/m^2)。

$$a_i = \frac{A}{bd_i} \tag{29-1}$$

式中 A——冲断试样所消耗的功,kJ;

b——试样宽度,m;

d_i——试样缺口剩余厚度,m。

七、注意事项

(1) 配料称量要准确。称好的各组分最好经过磁选并尽量研碎后分别放置,经复核无误漏才可进行下一步的混合。

（2）高速混合机必须在转动的情况下调整转速。
（3）开炼机和压机的温度须严格控制，压机上、下模板温度要一致。
（4）开炼机和压机操作时必须严格按操作规程进行，要戴双层手套，严防烫伤。
（5）压制时模具尽量放置在压机平板中央，以免塑料受压不均而导致制品厚度和质量的不均。
（6）脱模取出制品时用铜条，以防损坏模具及划伤制品。

实验 29 实验记录及报告

硬聚氯乙烯的成型加工

班　级：_____　姓　名：_____　学　号：_____

同组实验者：_____　　_____　　实验日期：_____

指导教师签字：_____　　　　　　　　评　分：_____

（实验过程中，认真记录并填写本实验数据，实验结束后，送交指导教师签字）

一、实验数据记录

（1）实验配方

原料	份数(phr)	质量(g)
PVC 树脂		
DOP		
三盐基性硫酸铅		
二盐基亚磷酸铅		
硬酯酸钡		
硬酯酸钙		
石蜡		
轻质碳酸钙		
CPE		
ACR		
着色剂		

（2）混合时间_____ min；

（3）混合温度_____ ℃；

（4）配合剂加入顺序_____；

（5）开炼塑化温度_____ ℃；

（6）开炼塑化时间_____ min；

（7）压制温度：上模板_____ ℃，下模板_____ ℃；

（8）热压压力（压机表压）_____ MPa；

（9）热压时间_____ min；

（10）冷压压力（压机表压）_____ MPa；

(11) 冷压时间_____ min；

(12) 实验现象_____

_____。

二、数据处理

试样编号	1	2	3	4	5
试样宽度 b(mm)					
试样厚度 d(mm)					
试样缺口剩余厚度 d_i(mm)					
试样冲断时消耗的功 A(kJ)					
试样冲击强度 α_i(kJ/m²)					
α_i 平均值(kJ/m²)					

三、回答问题及讨论

1. PVC 树脂的聚合度与产品性能和加工性能有何关系？

2. 硬 PVC 塑料的冲击强度与塑料的组成有什么关系？

3. 硬聚氯乙烯的压制成型与天然橡胶的模型硫化成型的原理和工艺过程有何异同？

4. 分析实验所得硬聚氯乙烯板材的外观质量和缺口冲击强度与实验过程的工艺条件的依赖关系。

5. 在配方中加入 CPE 或 ACR，对硬 PVC 的性能有何影响？

实验 30

塑料薄膜吹塑实验

一、实验目的

(1) 了解塑料挤出吹胀成型原理；
(2) 了解单螺杆挤出机、吹膜机头及辅机的结构和工作原理；
(3) 掌握聚乙烯吹膜工艺操作过程、各工艺参数的调节及分析薄膜成型的影响因素。

二、实验原理

塑料薄膜是应用广泛的高分子材料制品。塑料薄膜可以用挤出吹塑、压延、流延、挤出拉幅以及使用狭缝机头直接挤出等方法制造，各种方法的特点不同，适应性也不一样。其中吹塑法成型塑料薄膜比较经济和简便，结晶型和非晶型塑料都适用，吹塑成型不但能成型薄至几丝的包装薄膜，也能成型厚达 0.3mm 的重包装薄膜，既能生产窄幅，也能得到宽度达近 20m 的薄膜，这是其他成型方法无法比拟的。吹塑过程塑料受到纵横方向的拉伸取向作用，制品质量较高，因此，吹塑成型在薄膜生产上应用十分广泛。

用于薄膜吹塑成型的塑料有聚氯乙烯、聚乙烯、聚丙烯、尼龙以及聚乙烯醇等。目前国内外以前两种居多，但后几种塑料薄膜的强度或透明度较好，已有很大发展。

吹塑是在挤出工艺的基础上发展起来的一种热塑性塑料的成型方法。吹塑的实质就是在挤出的型坯内通过压缩空气吹胀后成型的，它包括吹塑薄膜和中空吹塑成型。在吹塑薄膜成型中，根据牵引的方向不同，通常分为平挤上吹、平挤下吹和平挤平吹三种工艺方法，其基本原理都是相同的，其中以平挤上吹法应用最广。本实验是用平挤上吹工艺成型低密度聚乙烯(LDPE)薄膜，如图30-1。

塑料薄膜的吹塑成型是在挤出机的前端安装吹塑口模，粘流态的塑料从挤出机口模挤出成管坯后用机头底部通入的压缩空气使之均匀而自由地吹胀成直径较大的管膜，膨胀的管膜在向上牵引的过程中，被纵向拉伸并逐步冷却，并由人字板夹平和牵引辊牵引，最后经卷绕辊卷绕成双折膜卷。

在吹塑过程中，各段物料的温度、螺杆的转速、机头的压力和口模的结构、风环冷却、室内空气冷却以及吹入空气压力、膜管拉伸作用等都直接影响薄膜性能的优劣和生产效率的高低。

1. 管坯挤出

挤出机各段温度的控制是管坯挤出最重要的因素。通常，沿机筒到机头口模方向，塑料的温度是逐步升高的，且要达到稳定的控制。本实验对 LDPE 吹塑，原则上机筒温度依次是 140℃，160℃，180℃ 递增，机头口模处稍低些。熔体温度升高，粘度降低，机头压力减少，挤出流量增大，有利于提高产量。但若温度过高和螺杆转速过快，剪切作用过大，易使塑料分解，且出现膜管冷却不良，所得泡(膜)管直径和壁厚不均，影响操作的顺利进行。

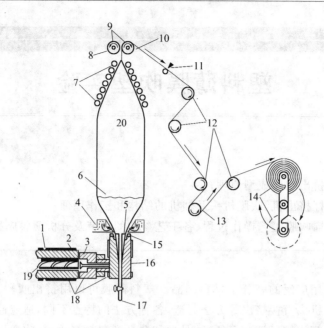

图 30-1 吹塑薄膜工艺示意图
1—挤出料筒;2—过滤网;3—多孔板;4—风环;5—芯模;6—冷凝线;
7—导辊;8—橡胶夹辊;9—夹送辊;10—不锈钢夹辊(被动);11—处理棒;
12—导辊;13—均衡张紧辊;14—收卷辊;15—模环;16—模头;
17—空气入口;18—加热器;19—树脂;20—膜管

2. 机头和口模

吹塑薄膜的主要设备为单螺杆挤出机,由于是平挤上吹,其机头口模是转向式的直角型,作用是向上挤出管状坯料。口模缝隙的宽度和平直部分的长度与薄膜的厚度有一定的关系,如吹塑 0.03～0.05mm 厚的薄膜所用的模隙宽度为 0.4～0.8mm,平直部分长度为 7～14mm。

3. 吹胀与牵引

在机头处通入压缩空气使管坯吹胀成膜管,调节压缩空气的通入量可以控制膜管的膨胀程度。衡量管坯被吹胀的程度通常以吹胀比 α 来表示,吹胀比是管坯吹胀后的膜管的直径 D_2 与挤出机环形口模直径 D_1 的比值,即:

$$\alpha = \frac{D_2}{D_1} \qquad (30-1)$$

吹胀比的大小表示挤出管坯直径的变化,也表明了粘流态下大分子受到横向拉伸作用力的大小。常用吹胀比在 2～6 之间。

吹塑是一个连续成型过程,吹胀并冷却过程的膜管在上升卷绕途中,受到拉伸作用的程度通常以牵伸比 β 来表示,牵伸比是膜管通过夹辊时的速度 v_2 与口模挤出管坯的速度 v_1 之比,即:

$$\beta = \frac{v_2}{v_1} \qquad (30-2)$$

这样,由于吹塑和牵伸的同时作用,使挤出的管坯在纵横两个方向都发生取向,使吹塑薄膜具有一定的机械强度。因此，为了得到纵横向强度均等的薄膜，其吹胀比和牵伸比最好是相等的。不过在实际生产中往往都是用同一环形间隙口模，靠调节不同的牵引速度来控制薄膜的厚度，故吹塑薄膜纵横向机械强度并不相同，一般都是纵向强度大于横向强度。

吹塑薄膜的厚度δ与吹胀比和牵伸比的关系可用下式表示：

$$\delta = \frac{b}{\alpha \cdot \beta} \tag{30-3}$$

式中　δ——薄膜厚度，mm；

　　　b——机头口模环形缝隙宽度，mm。

4. 风环冷却

风环是对挤出膜管的冷却装置，位于离开模具膜管的四周，操作时可调节风量的大小控制膜管的冷却速度。在吹塑聚乙烯薄膜时，接近机头处的膜管是透明的，但在约高于机头20cm处的膜管就显得较浑浊。膜管在机头上方开始变得浑浊的距离称为冷凝线距离（或称冷却线距离）。膜管浑浊的原因是大分子的结晶和取向。从口模间隙中挤出的熔体在塑化状态被吹胀并被拉伸到最终的尺寸，薄膜到达冷凝线时停止变形过程，熔体从塑化态转变为固态。在相同的条件下，冷却线的距离也随挤出速度的加快而加长，冷却线距离的高低影响薄膜的质量和产量。实际生产中，可用冷却线距离的高低来判断冷却条件是否适当。用一个风环冷却达不到要求时，可用两个或两个以上的风环冷却。对于结晶型塑料，降低冷却线距离可获得透明度高和横向撕裂强度较高的薄膜。

5. 薄膜的卷绕

管坯经吹胀成管膜后被空气冷却，先经人字导向板夹平，再通过牵引夹辊，而后由卷绕辊卷绕成薄膜制品。人字板的作用是稳定已冷却的膜管，不让它晃动，并将它压平。牵引夹辊是由一个橡胶辊和一个金属辊组成，其作用是牵引和拉伸薄膜。牵引辊到口模的距离对成型过程和管膜性能有一定影响，其决定了膜管在压叠成双折前的冷却时间，这一时间与塑料的热性能有关。

三、仪器设备与原料

1. 仪器设备

(1) SJ－20 单螺杆挤出机。

(2) 直通式吹膜机头口模（如图30－2所示）。

(3) 冷却风环。

(4) 牵引、卷取装置。

(5) 空气压缩机。

(6) 卡尺，测厚仪，台秤，秒表等。

2. 原料

LDPE，吹膜级，颗粒状塑料。

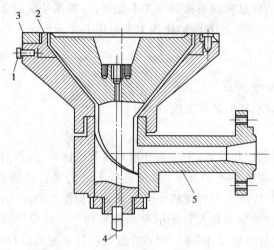

图 30-2　吹塑薄膜用直通式机头
1—芯棒轴；2—口模；3—调节螺钉；4—压缩空气入口；5—机颈

四、准备工作

(1) 原材料准备：LDPE 干燥预热，在 70℃ 左右烘箱预热 1~2h。
(2) 详细观察、了解挤出机和吹塑辅机的结构，工作原理，操作规程等。
(3) 根据实验原料 LDPE 的特性，初步拟定挤出机各段加热温度及螺杆转速，同时拟定其他操作工艺条件。
(4) 安装模具及吹塑辅机。
(5) 测量口模内径和管芯外径。

五、实验步骤

(1) 按照挤出机的操作规程，接通电源，开机运转和加热。检查机器运转、加热和冷却是否正常。机头口模环形间隙中心要求严格调正。对机头各部分的衔接、螺栓等检查并趁热拧紧。
(2) 当挤出机加热到设定值后稳定 30min。开机在慢速下投入少量的 LDPE 粒子，同时注意电流表、压力表、温度计和扭矩值是否稳定。待熔体挤出成管坯后，观察壁厚是否均匀，调节口模间隙，使沿管坯圆周上的挤出速度相同，尽量使管坯厚度均匀。
(3) 开动辅机，以手将挤出管坯慢慢向上引入夹辊，使之沿导辊和收卷辊前进。通入压缩空气并观察泡管的外观质量。根据实际情况调整挤出流量、风环位置和风量、牵引速度、膜管内的压缩空气量等各种影响因素。
(4) 观察泡管形状变化，冷凝线位置变化及膜管尺寸的变化等，待膜管的形状稳定、薄膜折径已达实验要求时，不再通入压缩空气，薄膜的卷绕正常进行。
(5) 以手工卷绕代替收卷辊工作，卷绕速度尽量不影响吹塑过程的顺利进行。裁剪手工卷绕 1min 的薄膜成品。

(6) 重复手工卷绕实验两次。
(7) 实验完毕,逐步降低螺杆转速,挤出机内存料,趁热清理机头和衬套内的残留塑料。
(8) 称量卷绕 1min 薄膜成品的质量并测量其长度、折径及厚度公差。计算挤出速度 v_1、膜管的直径 D_2、吹胀比 α、牵伸比 β、薄膜厚度 δ、吹膜产量 Q_m。

六、数据处理

(1) 由 1min 薄膜成品的质量 Q 计算挤出速度 v_1：

$$v_1 = \frac{4 \times 1000 \times Q}{\pi \rho (D_1^2 - D^2)} \tag{30-4}$$

式中　v_1——管坯挤出线速度,mm/min;
　　　Q——1min 薄膜成品的质量,g/min;
　　　ρ——LDPE 熔体密度,g/cm³,取 0.91;
　　　D_1——口模内径,mm;
　　　D——管芯外径,mm。

(2) 由薄膜成品折径 d 计算膜管的直径 D_2,按式(30-1)计算吹胀比 α。
(3) 由 1min 薄膜成品的长度,即牵引速度 v_2 和由式(30-4)计算的 v_1,按式(30-2)计算牵伸比 β。
(4) 由口模内径 D_1 和管芯外径 D 计算口模环形缝隙宽度 b,按式(30-3)计算薄膜厚度 δ。
(5) 由 1min 薄膜成品的质量 Q 换算吹膜产量 Q_m(kg/h)。

七、注意事项

(1) 熔体挤出时,操作者不得位于口模的正前方,以防意外伤人。操作时严防金属杂质和小工具落入挤出机筒内。操作时要带手套。
(2) 清理挤出机和口模时,只能用铜刀、棒或压缩空气,切忌损伤螺杆和口模的光洁表面。
(3) 吹胀管坯的压缩空气压力要适当,既不能使管坯破裂,又能保证膜管的对称稳定。
(4) 吹塑过程中要密切注意各项工艺条件的稳定,不应该有所波动。

实验30 实验记录及报告

塑料薄膜吹塑实验

班　级：_____　姓　名：_____　学　号：_____

同组实验者：_____　_____　实验日期：_____

指导教师签字：_____　　　　　　　　评　分：_____

（实验过程中，认真记录并填写本实验数据，实验结束后，送交指导教师签字）

一、实验数据记录
  (1) 树脂名称及牌号_____；
  (2) 原料干燥温度和时间_____℃_____h；
  (3) 原料使用质量_____kg；
  (4) 挤出机型号_____；
  (5) 机头口模形式_____；
  (6) 料筒温度_____℃，_____℃，_____℃；
  (7) 口模温度_____℃；
  (8) 螺杆转速_____r/min；
  (9) 主机电流_____A；
  (10) 主机电压_____V；
  (11) 实验现象_____
  _____。

二、数据处理

实验试样编号	1	2	3	平均
口模内径 D_1(mm)				
管芯外径 D(mm)				
1min 薄膜成品的质量 Q(g/min)				
膜管折径 d(mm)				
膜管直径 D_2(mm)				
牵引速度 v_2(mm/min)				
挤出速度 v_1(mm/min)				
吹胀比 α				
牵伸比 β				

口模环形缝隙宽度 b(mm)			
吹塑膜厚度 δ(mm)			
吹膜产量 Q_m(kg/h)			

三、回答问题及讨论

1. 影响吹塑薄膜厚度均匀性的因素是什么？

2. 聚乙烯吹膜时"冷凝线"的成因是什么？冷凝线位置的高低对所得薄膜的物理机械性能有何影响？

3. 吹塑薄膜的纵向和横向的机械性能有没有差异？为什么？

4. 分析实验现象和实验所得的膜管外观质量与实验工艺条件等的关系。

实验 31

塑料管材挤出成型实验

一、实验目的

(1) 了解塑料管材挤出成型工艺过程；
(2) 了解挤出机及管材挤出辅机的结构和加工原理；
(3) 加深理解挤出工艺控制原理并掌握其控制方法；
(4) 掌握塑料管材的性能检测方法。

二、实验原理

管材是塑料挤出制品中的主要品种，有硬管和软管之分。用来挤管的塑料品种很多，主要有聚氯乙烯、聚乙烯、聚丙烯、聚苯乙烯、尼龙、ABS和聚碳酸酯等。本实验是硬聚氯乙烯(PVC)管材的挤出。

PVC塑料自料斗加入到挤出机，经挤出机的固体输送、压缩熔融和熔体输送由均化段出来塑化均匀的塑料，先后经过过滤网、粗滤器而达分流器，并为分流器支架分为若干支流，离开分流器支架后再重新汇合起来，进入管芯口模间的环形通道，最后通过口模到挤出机外而成管子，经过定径套定径和初步冷却，再进入具有喷淋装置的冷却水箱，进一步冷却成为具有一定口径的管材，最后经由牵引装置引出并根据规定的长度要求而切割得到所需的制品。图31-1为挤管工艺示意图。

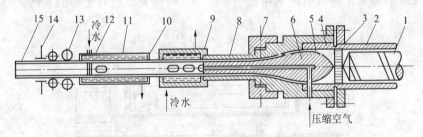

图 31-1 管材挤出工艺示意图

1—螺杆；2—机筒；3—多孔板；4—接口套；5—机头体；6—芯棒；7—调节螺钉；8—口模；9—定径套；10—冷却水槽；11—链子；12—塞子；13—牵引装置；14—夹紧装置；15—塑料管子

管材挤出装置由挤出机、机头口模、定型装置、冷却水槽、牵引及切割装置等组成，其中挤出机的机头口模和定型装置是管材挤出的关键部件。

1. 机头

机头是挤出管材的成型部件，大体上可分直通式、直角式和偏移式三种，其中用得最多的是直通式机头，机头包括分流器及其支架、管芯、口模和调节螺钉等几个部分。

分流器又称鱼雷头，粘流态塑料经过粗滤板而达分流器，塑料流体逐渐形成环形，并使料层变薄,有利于塑料的进一步均匀塑化。分流器支架的作用是支撑分流器及管芯。

管芯是挤出的管材内表面的成型部件,一般为流线型,以便粘流态塑料的流动。管芯通常是在分流器支架处与分流器连接。粘流态塑料经过分流器支架后进入管芯与口模之间。

在管材挤出过程中,机头压缩比表示粘流态塑料被压缩的程度。机头压缩比是分流器支架出口处流道环形面积与口模及管芯之间的环形截面积之比。压缩比太小不能保证挤出管材的密实,也不利于消除分流器所造成的熔接痕;压缩比太大则料流阻力增加。机头压缩比一般在 3~10 的范围内。

口模的平直部分与管芯的平直部分构成管子的成型料道,这个部分的长短影响管材的质量。增加平直部分的长度,增大料流阻力,使管材致密,又可使料流稳定,均匀挤出,消除螺杆旋转给料流造成的旋转运动,但如果平直部分过长,则阻力过大,挤出的管材表面粗糙。一般口模的平直部分长度为内径的 2~6 倍。

管材的内外径应分别等于管芯的外径和口模的内径,但实际上从口模出来的管材由于牵引和冷却收缩等因素,将使管子的截面缩小一些;另一方面,在管材离开口模后,压力降低,塑料因弹性恢复而膨胀。挤出管子的收缩及膨胀的大小与塑料性质、离开口模前后的温度、压力及牵引速度等有关,管材最终的尺寸必须通过定径套冷却定型和牵引速度的调节而确定。

2. 管材的定径和冷却

管材挤出后,温度仍然很高,为了得到正确的尺寸和几何形状以及表面光洁的管子,应立即进行定径和冷却,以使其定型。

硬聚氯乙烯管的定径可用定径套来定型,定型方式有定外径和定内径两种。本实验采用抽真空的方法进行外径定型,真空定径装置如图 31-2 所示,定型时在定径套上抽真空使挤出管子的外壁与定径套的内壁紧密贴合。

经过定径后的管子进入喷淋水箱进一步冷却。冷却装置应有足够的长度,一般在 1.5~6m 之间。

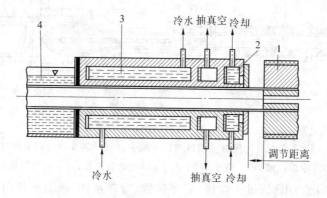

图 31-2 真空定径装置
1—模头;2—冷却区Ⅰ;3—冷却区Ⅱ;4—冷却区Ⅲ

3. 管材的牵引和切割

牵引的作用是均匀地引出管子并适当地调节管子的厚度。为克服管材挤出胀大及控制管径,生产上一般使牵引速度比挤管速度大 1%~10%,并要求牵引装置能在较大范围内无级调速,且要求牵引速度均匀平稳,无跳动,否则会引起管子表面出现波纹、管壁厚度不均的现象。

当管子递送到预定长度后,即可用切割装置将管子切断。

三、仪器设备与原料

1. 仪器设备

(1)SJ-45-25E 单螺杆挤出机。

(2)直通式管材机头口模(如图 31-3 所示)。

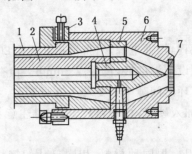

图 31-3　直通式管材机头
1—口模;2—芯模;3—调节螺栓;
4—分流器;5—芯模支架;6—模体;7—栅板

(3)外径定径装置。

(4)真空泵。

(5)喷淋水箱。

(6)牵引装置。

(7)切割装置。

(8)卡尺、秒表等。

(9)Zwick/Z020 万能材料试验机。

2. 原料(配方)

下列指导性实验配方,学生可自行设计配方。

成分	用量
PVC 树脂(SW-1000)	100
邻苯二甲酸二辛酯(DOP)	0～5
三盐基性硫酸铅	3
二盐基亚磷酸铅	2
硬脂酸钡	1.5
硬脂酸钙	1.0
石蜡	0.5
轻质碳酸钙	5
着色剂	适量

此配方为制备 PVC 硬管。

四、准备工作

(1) 原材料准备。按配方参看实验29"硬聚氯乙烯的成型加工。"制成PVC粒状塑料。
(2) 详细观察、了解挤出机和挤管辅机的结构,工作原理,操作规程等。
(3) 根据实验原料硬PVC的特性,初步拟定挤出机各段加热温度及螺杆转速,同时拟定其他操作工艺条件。
(4) 安装模具及管材辅机。
(5) 测量挤出口模的内径和管芯的外径及定径装置尺寸。

五、实验步骤

(1) 按照挤出机的操作规程,接通电源,对挤出机和机头口模加热。
(2) 当挤出机各部分达到设定温度后,再保温30min。检查机头各部分的衔接、螺栓,并趁热拧紧。机头口模环形间隙中心要求严格调正。
(3) 开动挤出机,由料斗加入硬PVC塑料粒子,同时注意主机电流表、温度表和螺杆转速是否稳定。
(4) 待熔体挤出口模后,用一根同种材料、相同尺寸的管材与挤出的管坯粘结在一起,经拉伸使管坯变细引入定径装置。
(5) 启动定径装置的真空泵,调节真空度在$-0.045 \sim -0.08$MPa。
(6) 开启喷淋水箱的冷却水,将管材通过喷淋水箱。
(7) 开动牵引装置,将管材引入履带夹持器。调节牵引速度使之与挤出速度相配合。
(8) 根据对挤出管材的规格要求,对各工艺参数进行相应的调整,直至管材正常挤出。
(9) 待正常挤出并稳定$10 \sim 20$min后,用切割装置截取一段50mm的管材。间隔10min,重复截取两段同样尺寸的管材。
(10) 实验完毕,挤出机内存料,趁热清理机头和多孔板的残留塑料。
(11) 测量所截取管材的外径和内径、同一截面的最大壁厚和最小壁厚,计算管材拉伸比L、管材壁厚偏差δ。
(12) 取截取的50mm管材,要求两端截面与轴线垂直,在20℃的环境中放置4h以上,在材料试验机上进行扁平试验。

六、数据处理

(1) 塑料管材拉伸比计算:

$$L = \frac{(D_2 - D_1)^2}{(d_2 - d_1)^2} \tag{31-1}$$

式中　L——塑料管拉伸比;
　　　D_2——口模的内径,mm;
　　　D_1——管芯的外径,mm;
　　　d_2——塑料管外径,mm;
　　　d_1——塑料管内径,mm。

(2) 塑料管材壁厚偏差计算:

$$\delta=\frac{\delta_1-\delta_2}{\delta_1}\times100 \tag{31-2}$$

式中 δ——管材壁厚偏差，%；

δ_1——管材同一截面的最大壁厚，mm；

δ_2——管材同一截面的最小壁厚，mm。

（3）扁平试验

将管材试样水平放入试验机的两个平行压板间，以 10~25mm/min 的速度压缩试样，试样被压缩至外径的 1/2 距离时停止，用肉眼观察试样有无裂缝及破裂现象，无此现象为合格。

七、注意事项

（1）开动挤出机时，螺杆转速要逐步上升，进料后密切注意主机电流，若发现电流突增应立即停机检查原因。

（2）PVC 是热敏性塑料，若停机时间长，必须将料筒内的物料全部挤出，以免物料在高温下停留时间过长发生热降解。

（3）清理机头口模时，只能用铜刀或压缩空气，多孔板可火烧清理。

（4）本实验辅机较多，实验时可数人合作操作。操作时分工负责，协调配合。

实验 31 实验记录及报告

塑料管材挤出成型实验

班　级：_____　姓　名：_____　学　号：_____

同组实验者：_____　_____　　实验日期：_____

指导教师签字：_____　　　　　　　　评　分：_____

（实验过程中，认真记录并填写本实验数据，实验结束后，送交指导教师签字）

一、实验数据记录

(1) 塑料名称_____；
(2) 塑料配方_____
_____；
(3) 塑料使用质量_____kg；
(4) 挤出机型号_____；
(5) 机头口模形式_____；
(6) 料筒温度_____℃，_____℃，_____℃，_____℃，_____℃；
(7) 口模温度_____℃；
(8) 螺杆转速_____r/min；
(9) 主机电流_____A；
(10) 真空度_____MPa；
(11) 牵引电压_____V；
(12) 负载电流_____A；
(13) 口模的内径 D_2_____mm；
(14) 管芯的外径 D_1_____mm；
(15) 实验现象_____
_____
_____。

二、数据处理

实验试样编号	1	2	3	平均
塑料管外径 d_2(mm)				
塑料管内径 d_1(mm)				
塑料管拉伸比 L				
管材同一截面的最大壁厚 δ_1(mm)				
管材同一截面的最小壁厚 δ_2(mm)				
管材壁厚偏差 δ(%)				
扁平试验(有无裂缝和破裂)				

三、回答问题及讨论

1. 如何得到尺寸和几何形状准确、表面光洁的塑料管材？

2. 牵引速度如何与挤出速度相配合？为什么？

3. 塑料管材可能产生熔接痕的原因是什么？如何避免？

4. 引起管材壁厚偏差的因素是什么？

5. 分析实验现象和实验所得管材的颜色及外观与实验工艺条件等的关系。

实验 32

塑料板材挤出实验

一、实验目的

(1) 了解塑料板材挤出成型工艺过程；
(2) 认识狭缝挤出机头的结构和工作原理；
(3) 理解并掌握板材挤出及压光工艺控制方法；
(4) 掌握塑料板材的性能测试方法。

二、实验原理

挤出压延成型是生产塑料板材的主要方法之一。塑料板材的成型是用狭缝机头直接挤出板坯后，即经过三辊压光机压光，经冷却、牵引装置而得到塑料板材。图 32-1 为聚乙烯(PE)板材挤出工艺流程图。本实验是挤出 2.0mm 的 LDPE 板材。

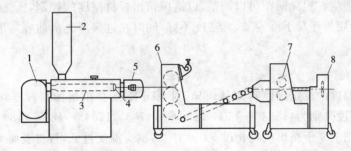

图 32-1 PE 板材挤出生产工艺流程图
1—电动机；2—料斗；3—螺杆；4—挤出机料筒；
5—机头；6—三辊压光机；7—橡胶牵引辊；8—切割

1. PE 原料

PE 板材具有无毒、表面光滑平整、耐腐蚀、电绝缘性能优异、低温性能好的优点，广泛应用在包装、化工、电子等领域。PE 挤出板材一般选用适当牌号的树脂直接生产，如果生产特殊用途的板材需添加相关必要的助剂。挤出生产 LDPE 板材应选用熔体流动速率(MFR)为 $0.3 \sim 1.0$(g/10min)的挤出级 PE 树脂。

2. 机头

板材挤出的狭缝机头的出料口既宽又薄，塑料熔体由料筒挤入机头，流道由圆形变成狭缝形，这种机头(包括支管型、衣架型、鱼尾型)在料流挤出过程中存在中间流程短、阻力小、流速快，两边流程长、阻力大、流速慢的现象，必须采取措施使熔体沿口模宽度方向有均匀的速度分布，即要使熔体在口模宽度方向上以相同的流速挤出，以保证挤出的板材厚度均匀和表面平整。本实验采用支管型机头，结构如图 32-2 所示。这种机头的特点是在机头内有与模唇平行的圆筒形槽(支管),可以贮存一定量的物料,起分配物料稳定作用,使料流稳定。

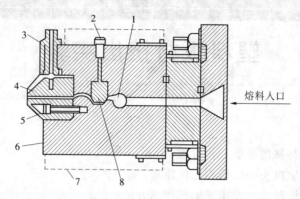

图 32-2 支管式机头结构

1—滴料形状的支管腔;2—阻塞棒调节螺钉;3—模唇调节器;
4—可调模唇;5—固定模唇;6—模体;7—铸封式电热器;8—阻塞棒

3. 压光

三辊压光机的作用是将挤出的板材压光和降温,并准确地调整板材的厚度,故它与压延机的构造原理有点相同,对辊筒的尺寸精度和光洁度要求较高,并能在一定范围内可调速,能与板材挤出相适应。辊筒间距可以调整,以适应挤出板材厚度的控制,压光机与机头的距离应尽量靠近,否则板坯易下垂发皱,光洁度不好,同时在进入压光机前容易散热降温,对制品光洁度不利。

4. 温度

挤出机各段温度的设定因原料品种而异,对 LDPE,从挤出机加料段至均化段各区(一般为四个区)的温度分别为:150℃～160℃,160℃～170℃,170℃～180℃,180℃～190℃。

机头温度原则上高于挤出机均化段5℃～10℃,机头温度过低,板材表面无光泽,甚至导致板材开裂,机头温度过高,物料易分解。机头温度通常采用两边高中间低的温度控制方法,以便和机头阻力调节棒相配合,保证当熔体通过机头的时候,沿板材宽度方向上流动速率与温度相平衡,板材的挤出均匀、稳定。对 LDPE,从机头左至右温度分别为:190℃～200℃,180℃～190℃,170℃～180℃,180℃～190℃,190℃～200℃。

从机头出来的板坯温度较高,为防止板材产生内应力而翘曲,应使板材缓慢冷却,要求压光机的辊筒有一定的温度。三辊压光机的温度为:上辊85℃～95℃,中辊75℃～85℃,下辊65℃～75℃。经压光机定型为一定厚度的板材温度仍较高,故用冷却导辊输送板材,让其进一步冷却,最后成为接近室温的板材。

三、仪器设备与原料

1. 仪器设备

(1)SJ-30×25B 单螺杆挤出机。
(2)支管式机头(如图 32-2 所示)。
(3)三辊压光机。
(4)冷却装置。

(5) 牵引装置。
(6) 试样裁刀及裁剪机。
(7) 点式温度计、卡尺、测厚仪等。
(8) CMT2203 电子拉力试验机。

2. 原料

LDPE——挤出级,颗粒状塑料。

四、准备工作

(1) 原材料准备：LDPE 干燥预热,在 70℃左右烘箱预热 1~2h。
(2) 详细观察、了解挤出机和三辊压光机的结构、工作原理、操作规程等。
(3) 根据实验原料 LDPE 的特性,初步拟定挤出机各段加热温度及螺杆转速,同时拟定其他操作工艺条件。
(4) 安装支管式机头模及板材辅机。
(5) 测量狭缝机头口模的几何尺寸(模缝的宽度、高度)。

五、实验步骤

(1) 按照挤出机的操作规程,接通电源,开机运转和加热。检查机器运转、加热和冷却是否正常。对机头各部分的衔接、螺栓等检查并趁热拧紧。用点式温度计测量机头从左至右的温度。
(2) 当挤出机加热到设定值后稳定 30min。开机在慢速下投入少量的 LDPE 粒子,同时注意电流表、压力表、温度计和扭矩值是否稳定。待熔体挤出板坯后,观察板坯厚度是否均匀,调整模唇调节器和阻力调节棒,使沿板材宽度方向上的挤出速度相同,使板坯厚度均匀。
(3) 开动辅机,以手将板坯直接引入冷却牵引装置,不经三辊压光机压光。待板坯冷却后,裁剪　段板坯,测量板坯的厚度和宽度。
(4) 调节三辊压光机辊筒的温度,稳定一段时间后,将板坯慢慢引入三辊压光机辊筒间,并使之沿冷却导辊和牵引辊前进。
(5) 根据实验要求调整三辊压光机辊筒的间距,测量经压光后板材的厚度,直至符合尺寸要求。
(6) 重复步骤 5,调整三种不同压光机辊筒的间距。
(7) 待板材的形状稳定、板材厚度已达实验要求时,裁剪长 100cm 的板材试样。
(8) 实验完毕,逐步降低螺杆转速,挤出机内存料,趁热清理机头内的残留塑料。
(9) 板材试样经过 12h 以上充分停放后,用标准裁刀分别在板材试样的纵向和横向冲裁成哑铃型的试样各 5 个。试样裁切参阅国家标准 GB/T528—92 的规定。
(10) 参照国家标准 GB/T528—92 的规定测试板材试样的纵向和横向拉伸性能。

六、数据处理

(1) 根据狭缝机头缝模的宽度和高度以及未经压光板坯的厚度和宽度,比较分析挤出膨胀现象。

(2) 按实验 27 测试并计算板材试样的纵向和横向拉伸强度和伸长率。

七、注意事项

(1) 挤出机料筒及机头温度较高，操作时要带手套，熔体挤出时，操作者不得位于机头的正前方，防止发生意外。

(2) 调节机头和三辊压光机时，操作动作应轻缓，以免损伤设备。

(3) 取样必须待挤出压光的各项工艺条件稳定，板坯或板材试样尺寸稳定方可进行。

实验 32　实验记录及报告

塑料板材挤出实验

班　级：_____　姓　名：_____　学　号：_____

同组实验者：_____　_____　_____　实验日期：_____

指导教师签字：_____　　　　　　　　　　评　分：_____

（实验过程中，认真记录并填写本实验数据，实验结束后，送交指导教师签字）

一、实验数据记录
(1) 树脂名称及牌号_____；
(2) 原料干燥温度和时间_____℃_____h；
(3) 原料使用质量_____；
(4) 挤出机型号_____；
(5) 机头口形式_____；
(6) 料筒温度_____℃，_____℃，_____℃，_____℃；
(7) 机头温度：左_____℃，中_____℃，右_____℃；
(8) 螺杆转速_____r/min；
(9) 主机电流_____A；
(10) 主机电压_____V；
(11) 三辊压光机辊筒温度：上_____℃，中_____℃，下_____℃；
(12) 机头模缝的几何尺寸：宽_____mm，高度_____mm；
(13) 实验现象_____
_____。

二、数据处理

实验试样编号	1	2	3	平均
机头模缝宽(mm)				
机头模缝高(mm)				
未经压光板坯厚(mm)				
未经压光板坯宽(mm)				
挤出膨胀现象				
板材试样厚(mm)				
纵向扯断强度 σ(MPa)				
纵向伸长率 ε(%)				
横向扯断强度 σ(MPa)				
横向伸长率 ε(%)				

三、回答问题及讨论

1. 狭缝机头挤出板材时沿宽度方向上的挤出速度为何有差异？

2. 采取什么措施，使板坯沿宽度方向上的挤出速度相同，板坯厚度均匀？

3. PE 挤出产生挤出膨胀现象的原因是什么？

4. 引起板材试样的纵向和横向拉伸性能差异的因素是什么？

实验 33

聚合物加工流变性能测试

一、实验目的

(1) 了解高分子材料熔体流动特性以及随温度、应力、材料性质的变化规律；
(2) 掌握在挤出机上测定聚合物的剪切速率、剪切应力、表观粘度等物理量的方法；
(3) 了解 HAAKE 转矩流变仪的基本结构、仪器特点、操作方法；
(4) 绘制并分析流变曲线图。

二、实验原理

聚合物流变学是研究聚合物的流动和变形的科学，对聚合物成型加工和生产具有指导作用。聚合物熔体流变性能的测定有多种方法，测量流变性能的仪器按施力的状况的不同主要有毛细管流变仪、旋转流变仪、落球流变仪和转矩流变仪等。不同类型的流变仪适用于不同粘度流体在不同剪切速率范围的测定。见表 33-1。

表 33-1 不同流变仪的适用范围

流变仪	粘度范围(Pa·s)	剪切速率(s^{-1})
毛细管挤出式	$10^{-1} \sim 10^{7}$	$10^{-1} \sim 10^{6}$
旋转圆筒式	$10^{-1} \sim 10^{11}$	$10^{-3} \sim 10^{1}$
旋转锥板式	$10^{2} \sim 10^{11}$	$10^{-3} \sim 10^{1}$
平行平板式	$10^{2} \sim 10^{3}$	极低
落球式	$10^{-3} \sim 10^{3}$	极低

毛细管流变仪是研究聚合物流变性能最常用的仪器之一，具有较宽广的剪切速率范围。毛细管流变仪还具有多种功能，既可以测定聚合物熔体的剪切应力和剪切速率的关系，又可根据毛细管挤出物的直径和外观及在恒应力下通过改变毛细管的长径比来研究聚合物熔体的弹性和不稳定流动现象。这些研究为选择聚合物及进行配方设计，预测聚合物加工行为，确定聚合物加工的最佳工艺条件（温度、压力和时间等），设计成型加工设备和模具提供基本数据。

聚合物的流变行为一般属于非牛顿流体，即聚合物熔体的剪切应力与剪切速率之间呈非线性关系。用毛细管流变仪测试聚合物流变性能的基本原理是：在一个无限长的圆形毛细管中，聚合物熔体在管中的流动是一种不可压缩的粘性流体的稳定层流流动，毛细管两端分压力差为 Δp，由于流体具有粘性，它必然受到自管体与流动方向相反的作用力，根据粘滞阻力与推动力相平衡等流体力学原理进行推导，可得到毛细管管壁处的剪切应力 τ 和剪切速率 $\dot{\gamma}$ 与压力、熔体流率的关系。

$$\tau = \frac{R \cdot \Delta p}{2L} \quad (33-1)$$

$$\dot{\gamma} = \frac{4Q}{\pi R^3} \quad (33-2)$$

$$\eta_a = \frac{\pi R^4 \cdot \Delta p}{8QL} \quad (33-3)$$

式中　　R——毛细管半径，cm；

　　　　L——毛细管长度，cm；

　　　　Δp——毛细管两端的压差，Pa；

　　　　Q——熔体流率，cm³/s；

　　　　η_a——熔体表观粘度，Pa·s。

在温度和毛细管长径比 L/D 一定的条件下，测定不同压力 Δp 下聚合物熔体通过毛细管的流动速率 Q，由式(33-1)和式(33-2)计算出相应的 τ 和 $\dot{\gamma}$，将对应的 τ 和 $\dot{\gamma}$ 在双对数坐标上绘制 τ-$\dot{\gamma}$ 流动曲线图，即可求得非牛顿指数 n 和熔体表观粘度 η_a。改变温度和毛细管长径比，可得到代表粘度对温度依赖性的粘流活化能 E_η 以及离模膨胀比 B 等表征流变特性的物理参数。

大多数聚合物熔体是属非牛顿流体，在管中流动时具有弹性效应、壁面滑移等特性，且毛细管的长度也是有限的，因此按以上推导测得的结果与毛细管的真实剪切应力和剪切速率有一定偏差，必要时应进行非牛顿改正和入口改正。

本实验采用 HAAKE 微机控制转矩流变仪及其 ϕ20 单螺杆挤出机和不同长径比的毛细管口模进行测试。所测的聚合物在单螺杆挤出机中熔融塑化后通过毛细管口模挤出。聚合物熔体通过毛细管口模时，由安装在毛细管口模入口处的压力传感器和热电偶测出熔体的压力和温度，并由微机记录处理。

三、仪器与样品

1. 仪器

(1) HAAKE RHEOCORD SYSTEM 40 微机控制转矩流变仪，包括驱动主机、计算机控制处理系统、单螺杆挤出机。

(2) 毛细管流变口模，直径 1.27mm，长径比($L:D$)15:1，20:1，30:1，40:1。

(3) 精密扭力天平、计时器、卡尺等。

2. 试样

HDPE、LDPE、PP，可以是颗粒或粉料等。

四、准备工作

(1) 了解 HAAKE 微机控制转矩流变仪的工作原理、技术规格和操作使用规程等。

(2) 将单螺杆挤出机安装在 HAAKE 微机控制转矩流变仪的主机上，把毛细管口模安装在挤出机上。

(3) 将压力传感器、测温热电偶连接在挤出机和毛细管口模上。

(4) 样品准备，干燥树脂样品，可用烘箱加热干燥。

五、实验步骤

(1) 开启 HAAKE 微机控制转矩流变仪驱动主机和控制系统,按实验要求输入相关实验参数。

(2) 对单螺杆挤出机进行加热,达到设定的温度时,恒温 10~15min,校正流变仪系统和压力传感器。

(3) 启动单螺杆挤出机,选定不同的螺杆转速,待螺杆转速稳定后,加料挤出,当挤出达到稳定后,由计算机控制处理系统开始记录实验数据。选择不同的间隔时间取样,测试聚合物熔体的质量流率(g/min)。

(4) 收集挤出物,观察外形,测量挤出物的直径。

(5) 在同一温度下,调节不同的螺杆转速,重复上述实验操作。螺杆转速在 10~100r/min 范围,以 10r/min 之差递增进行实验。

(6) 实验结束后,将数据贮存在计算机控制处理系统中进行处理。清理挤出机、毛细管口模,关闭仪器。

六、数据处理

(1) HAAKE 微机控制转矩流变仪可自动进行测量数据的贮存、记录、绘制曲线。输入相应的数据,最后可打印输出各转速下的压力降、剪切速率、剪切应力、表观粘度等参数,并作出 τ-$\dot{\gamma}$、η_a-$\dot{\gamma}$ 曲线图。

(2) 测量各转速下聚合物熔体的质量流率 M(g/min),计算聚合物熔体流率 Q(cm³/s):

$$Q = \frac{M}{60\rho_m} \tag{33-4}$$

式中 M——熔体质量流率,g/min;
　　　ρ_m——样品的熔体密度,g/cm³。

(3) 根据在恒定温度和毛细管长径比下测得的压力降 Δp、按式(33-4)计算出的 Q、毛细管半径 R 和毛细管长度 L,按式(33-1)、(33-2)和(33-3)计算各转速下的剪切应力 τ、剪切速率 $\dot{\gamma}$ 和熔体表观粘度 η_a。

(4) 将对应的 τ 和 $\dot{\gamma}$ 在双对数坐标上绘制 τ-$\dot{\gamma}$ 流动曲线图,在 $\dot{\gamma}$ 不大的范围内可得一直线,其斜率即为非牛顿指数 n。

(5) 由 n 进行非牛顿改正可得到毛细管的真实剪切速率 $\dot{\gamma}_z$:

$$\dot{\gamma}_z = \frac{(3n+1)}{4n}\dot{\gamma} \tag{33-5}$$

(6) 在恒定温度下测得不同长径比 L/D 毛细管的压力降 Δp 对 $\dot{\gamma}$ 作图,再在恒定 $\dot{\gamma}$ 下绘制 Δp-L/D 图,将其所得直线外推与 L/D 轴相交,该 L/D 轴上的截距 e 即为 Bagley 改正因子,计算毛细管的真实剪切应力 σ_z:

$$\sigma_z = \frac{\Delta p}{2(L/R+e)} \tag{33-6}$$

(7) 在不同温度下测量聚合物熔体表观粘度 η_a,绘制 $\ln\eta_a$-$1/T$ 关系图,在一定范围内为一直线,其斜率即可表征熔体的粘流活化能 E_η。

(8) 测量挤出物（单丝）冷却后的直径 D_s，计算离模膨胀比 B：

$$B = \frac{D_s}{D} \tag{33-7}$$

式中　D——毛细管的直径，mm。

七、注意事项

(1) HAAKE 微机控制转矩流变仪是精密仪器，未经指导教师同意不得擅自触动仪器各部分和计算机。
(2) 毛细管口模等部件尺寸精密，光洁度高，故实验时始终要小心谨慎，严禁落地及碰撞等导致变形；清洗时切忌强力，以防擦伤。
(3) 挤出机料筒和模具温度较高，实验和清洗时要带手套，防止烫伤。
(4) 实验结束，应挤出余料。

实验33 实验记录及报告

聚合物加工流变性能测试

班 级：_____ 姓 名：_____ 学 号：_____

同组实验者：_____ _____ 实验日期：_____

指导教师签字：_____ 评 分：_____

（实验过程中，认真记录并填写本实验数据，实验结束后，送交指导教师签字）

一、实验数据记录

(1) 树脂名称及牌号_____；
(2) 原料干燥温度和时间_____℃_____h；
(3) 原料使用质量_____kg；
(4) 转矩流变仪型号_____；
(5) 单螺杆挤出机型号_____；
(6) 挤出机料筒温度_____℃，_____℃，_____℃；
(7) 毛细管口模温度_____℃；
(8) 挤出机螺杆转速_____r/min；
(9) 毛细管尺寸：半径_____mm；长度_____mm；
(10) 实验现象_____
_____。

二、数据处理

1. 熔体流变数据

转速(r/min)									
L/D									
口模温度(℃)									
Δp(Pa)									
M(g/min)									
Q(cm³/s)									
τ(Pa)									
$\dot{\gamma}$(s⁻¹)									
η_a(Pa·s)									
D_s(mm)									
B									

续表

n									
$\dot{\gamma}_z(\mathrm{s}^{-1})$									
口模温度(℃)									
L/D									
$\Delta p(\mathrm{Pa})$									
$\dot{\gamma}(\mathrm{s}^{-1})$									
e									
$\sigma_z(\mathrm{Pa})$									
口模温度/℃									
E_η									

2. 流变曲线：

(1) 绘制 $\tau-\dot{\gamma}$、$\eta_a-\dot{\gamma}$、$\eta_a-\tau$ 曲线图；

(2) 绘制不同长径比 L/D 毛细管的 $\Delta p-\dot{\gamma}$ 曲线图；

(3) 绘制恒定 $\dot{\gamma}$ 下的 $\Delta p-L/D$ 曲线图；

(4) 不同温度下测量聚合物熔体表观粘度 η_a，绘制 $\ln\eta_a-1/T$ 关系图。

三、回答问题及讨论

(1) 聚合物流变曲线对拟定成型加工工艺有何指导作用？

(2) 采用毛细管流变口模测量聚合物熔体的粘度需要几个测量参数？

(3) 何谓熔体破裂？产生聚合物熔体破裂的原因是什么？

实验 34

聚合物拉伸性能测试

一、实验目的

(1) 绘制聚合物的应力-应变曲线,测定其屈服强度、拉伸强度、断裂强度和断裂伸长率;
(2) 观察不同聚合物的拉伸特征;了解测试条件对测试结果的影响;
(3) 熟悉电子拉力试验机原理以及使用方法。

二、实验原理

拉伸性能是聚合物力学性能中最重要、最基本的性能之一。拉伸性能的好坏,可以通过拉伸试验来检验。

拉伸试验是在规定的试验温度、湿度和速度条件下,对标准试样沿纵轴方向施加静态拉伸负荷,直到试样被拉断为止。用于聚合物应力-应变曲线测定的电子拉力机是将试样上施加的载荷、形变通过压力传感器和形变测量装置转变成电信号记录下来,经计算机处理后,测绘出试样在拉伸变形过程中的拉伸应力-应变曲线。从应力-应变曲线上可得到材料的各项拉伸性能指标值:如拉伸强度、拉伸断裂应力、拉伸屈服应力、偏置屈服应力、拉伸弹性模量、断裂伸长率等。通过拉伸试验提供的数据,可对聚合物的拉伸性能做出评价,从而为质量控制,按技术要求验收或拒收产品,研究、开发与工程设计及其他项目提供参考。

应力-应变曲线一般分两个部分:弹性变形区和塑性变形区。在弹性变形区域,材料发生可完全恢复的弹性变形,应力与应变呈线性关系,符合虎克定律。在塑性变形区,形变是不可逆的塑性形变,应力和应变增加不再呈正比关系,最后出现断裂。

不同的聚合物材料、不同的测定条件,分别呈现不同的应力-应变行为。根据应力-应变曲线的形状,目前大致可归纳成五种类型,如图34-1所示。

(1) 软而弱　拉伸强度低,弹性模量小,且伸长率也不大,如溶胀的凝胶等。
(2) 硬而脆　拉伸强度和弹性模量较大,断裂伸长率小,如聚苯乙烯等。
(3) 硬而强　拉伸强度和弹性模量较大,且有适当的伸长率,如硬聚氯乙烯等。
(4) 软而韧　断裂伸长率大,拉伸强度也较高,但弹性模量低,如天然橡胶、顺丁橡胶等。
(5) 硬而韧　弹性模量大、拉伸强度和断裂伸长率也大,如聚对苯二甲酸乙二醇酯、尼龙等。

影响聚合物拉伸强度的因素有:

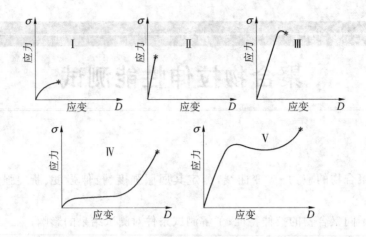

图 34-1 聚合物的拉伸应力-应变曲线类型

(1) 聚合物的结构和组成 聚合物的相对分子质量及其分布、取代基、交联、结晶和取向是决定其机械强度的主要内在因素；通过在聚合物中添加填料，采用共聚和共混方式来改变聚合物的组成可以达到提高聚合物的拉伸强度的目的。

(2) 试验状态 拉伸试验是用标准形状的试样，在规定的标准化状态下测定聚合物的拉伸性能。标准化状态包括：试样制备、状态调节、实验环境和实验条件等。这些因素都将直接影响试验结果。现仅就试样制备、拉伸速度、温度的影响阐述如下。

A. 在试样制备过程中，由于混料及塑化不均，引进微小气泡或各种杂质，在加工过程中留下来的各种痕迹如裂缝、结构不均匀的细纹、凹陷、真空泡等，这些缺陷都会使材料强度降低。

B. 拉伸速度和环境温度对拉伸强度有着非常重要的影响。聚合物属于粘弹性材料，其应力松弛过程对拉伸速度和环境温度非常敏感。当低速拉伸时，分子链来得及位移、重排，呈现韧性行为，表现为拉伸强度减小，而断裂伸长率增大。高速拉伸时，高分子链段的运动跟不上外力作用速度，呈现脆性行为，表现为拉伸强度增大，断裂伸长率减小。由于聚合物品种繁多，不同的聚合物对拉伸速度的敏感不同。硬而脆的聚合物对拉伸速度比较敏感，一般采用较低的拉伸速度。韧性塑料对拉伸速度的敏感性小，一般采用较高的拉伸速度，以缩短实验周期，提高效率。不同品种的聚合物可根据国家规定的试验速度范围选择适合的拉伸速度进行试验(GB/T1040—1992)。聚合物的力学性能表现出对温度的依赖性，随着温度的升高，拉伸强度降低，而断裂伸长则随温度升高而增大。因此实验要求在规定的温度下进行。

一些重要聚合物材料的拉伸强度和断裂伸长率如表 34-1 所示。

34-1 聚合物拉伸强度和断裂伸长率

聚合物	性质	拉伸强度($\times 10^5 \text{N/m}^2$)	断裂伸长率(%)
PVC	硬质	420~530	40~80
PS	一般用	350~840	1.0~2.5
	耐冲击性	110~490	2.0~90
ABS	耐冲击性	320~530	5.0~60.0
	耐燃性	350~420	5.0~25.0
	玻璃纤维填充(20%~40%)	600~1340	2.5~3.0
PE	高密度	220~390	20~1300
	中密度	80~250	500~600
	低密度	40~160	90~800
	超高相对分子质量	180~250	300~500
EVA		100~200	550~900
PP	非增强	300~390	200~700
	玻璃纤维填充(30%~35%)	420~1020	2.0~3.6
PA-6	非增强	700~830	200~300
	玻璃纤维充填(33%)	910~1760	3
PA-66	非增强	770~840	60~300
	玻璃纤维充填(33%)	160~200	4~5
PC	非增强	560~670	100~130
	玻璃纤维充填(10%~40%)	840~1760	0.9~5.0
尿素树脂	纤维素充填	390~920	0.5~1.0
环氧树脂	玻璃纤维充填	700~1400	4

三、仪器与样品

1. 仪器

(1) 拉力试验机 任何能满足实验要求的、具有多种拉伸速率的拉力试验机均可使用。本次实验采用 CMT 系列微机控制电子拉力试验机,基本结构如图 34-2 所示。

(2) 游标卡尺。

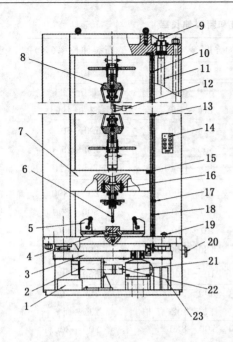

1—伺服器；2—伺服电机；
3—传动系统；4—压缩下压板；
5—弯曲装置；6—弯曲压头；
7—移动横梁；8—拉伸楔形夹具；
9—位移传感器；10—固定挡圈；
11—滚珠丝杠；12—电子引伸计；
13—可调挡圈；14—手动控制盒；
15—限位碰块；16—力传感器；
17—可调挡圈；18—固定挡圈；
19—急停开关；20—电源开关；
21—减速机；22—连轴器；
23—电器系统（微处理器）

图 34-2　微机控制电子拉力试验机

2. 试样

拉伸试验共有 4 种类型的试样：Ⅰ型试样；Ⅱ型试样；Ⅲ型试样；Ⅳ型试样。不同材料优选的试样类型及相关条件及试样的类型和尺寸参照 GB/T1040—1992 执行。

本次实验材料为聚丙烯（PP），试样采用Ⅰ型试样（如图 34-3 所示），每组试样不少于 5 个，尺寸及公差参考表 34-2，是由多型腔模具注射成型获得的。试样要求表面平整，无气泡、裂纹、分层、伤痕等缺陷。

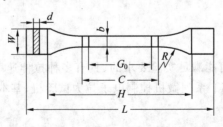

图 34-3　Ⅰ型试样

表 34-2　Ⅰ型试样尺寸及公差

符号	名称	尺寸	公差	符号	名称	尺寸	公差
L	总长（最小）	150	—	W	端部宽度	20	±1
H	夹具间距离	115	±5.0	d	厚度	4	—
C	中间平行部分长度	60	±2	b	中间平行部分宽度	10	±0.2
G_0	标距（或有效部分）	50	±1	R	半径（最小）	60	—

四、准备工作

(1) 试样的制备和外观检查,按 GB1039—1992 规定进行;试样的状态调节和实验环境按 GB2918 规定执行。

(2) 试样编号,测量试样工作部分的宽度和厚度,精确至 0.01 mm。每个试样测量三点,取算术平均值。

(3) 在试样中间平行部分做标线,标明标距 G_0,此标线对测试结果不应有影响。

(4) 熟悉电子拉力试验机的结构,操作规程和注意事项。

五、实验步骤

(1) 开机:试验机—打印机—计算机。

(2) 进入试验软件,选择好联机方向,选择正确的通讯口,选择对应的传感器及引伸仪后联机;

(3) 检查夹具,根据实际情况(主要是试样的长度及夹具的间距)设置好限位装置;在试验软件内选择相应的试验方案,进入试验窗口,输入"用户参数";

(4) 夹持试样,夹具夹持试样时,要使试样纵轴与上、下夹具中心线相重合,并且要松紧适宜,以防止试样滑脱或断在夹具内;

(5) 点击"运行",开始自动试验;

(6) 试片拉断后,打开夹具取出试片;

(7) 重复 3～6 步骤,进行其余样条的测试。若试样断裂在中间平行部分之外时,此试样作废,另取试样补做;

(8) 试验自动结束后,软件显示试验结果;点击"用户报告",打印试验报告。

六、数据处理

(1) 拉伸强度或拉伸断裂应力或拉伸屈服应力(MPa)

$$\sigma_t = \frac{p}{bd} \tag{34-1}$$

式中 p——最大负荷或断裂负荷或屈服负荷,N;

b——试样工作部分宽度,mm;

d——试样工作部分厚度,mm。

各应力值在拉伸应力-应变曲线上的位置如图 34-4 所示。

(2) 断裂伸长率 ε_t(%):

$$\varepsilon_t = \frac{L - L_0}{L_0} \tag{34-2}$$

式中 L——试样原始标距,mm;

L_0——试样断裂时标线间距离,mm。

计算结果以算术平均值表示,σ_t 取三位有效数值,ε_t 取二位有效数值。

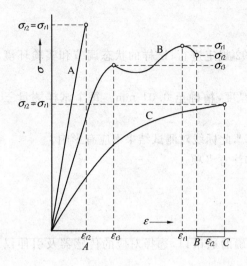

σ_{t1}—拉伸强度；ε_{t1}—拉伸时的应变；
σ_{t2}—断裂应力；ε_{t2}—断裂时的应变；
σ_{t3}—屈服应力；ε_{t3}—屈服时的应变
A—脆性材料；
B—具有屈服点的韧性材料；
C—无屈服点的韧性材料

图 34-4　拉伸应力-应变曲线

七、注意事项

微机控制电子拉力试验机属精密设备，在操作材料试验机时，务必遵守操作规程，精力集中，认真负责。

(1) 每次设备开机后要预热 10min，待系统稳定后，才可进行试验工作；如果刚关机，需要再开机，至少保证 1min 的间隔时间。任何时候都不能带电插拔电源线和信号线，否则很容易损坏电气控制部分。
(2) 试验开始前，一定要调整好限位挡圈，以免操作失误损坏力值传感器。
(3) 试验过程中，不能远离试验机。
(4) 试验过程中，除停止键和急停开关外，不要按控制盒上的其他按键，否则会影响试验。
(5) 试验结束后，一定要关闭所有电源。

实验 34　实验记录及报告

聚合物拉伸性能测试

班　级：_____　姓　名：_____　学　号：_____

同组实验者：_____ _____ _____　实验日期：_____

指导教师签字：_____　　　　　　　　评　分：_____

（实验过程中，认真记录并填写本实验数据，实验结束后，送交指导教师签字）

一、实验数据记录

(1) 试样原材料名称：_____；
(2) 试样类型：_____；
(3) 试样尺寸：_____；
(4) 试样制备方法：_____；
(5) 试验温度：_____℃；
(6) 试验湿度：_____%
(7) 仪器型号：_____；
(8) 试验拉伸速度：_____mm/min。

二、数据处理

试样编号	1	2	3	4	5
工作部分宽度 b(mm)					
工作部分厚度 d(mm)					
截面积 $A=b\times d$(mm^2)					
最大负荷 p_{max}(N)					
拉伸强度 σ_{t1}(MPa)					
拉伸强度 σ_{t1} 平均值(MPa)					
断裂负荷 p(N)					
断裂应力 σ_{t2}(MPa)					
断裂应力 σ_{t2} 平均值(MPa)					
试样原始标距 L_0(mm)					
试样断裂时标线间距离 L(mm)					
断裂伸长率 ε_t(%)					
断裂伸长率 ε_t 平均值(%)					

三、回答问题及讨论

(1) 对于拉伸试样,如何使拉伸实验断裂在有效部分?分析试样断裂在标线外的原因?

(2) 改变实验的拉伸速度会对测试结果产生什么影响?

(3) 同样的 PP 材料,为什么测定的拉伸性能(强度、断裂伸长率、模量)有差异?

(4) 试比较橡胶、塑料在应力-应变曲线中的不同?

实验 35

聚合物冲击性能测试

一、实验目的

(1) 测定聚合物的冲击强度,了解其对制品使用的重要性;
(2) 熟悉聚合物的冲击性能测试的原理,掌握摆锤式冲击试验机操作方法;
(3) 掌握实验结果处理方法,了解测试条件对测定结果的影响。

二、实验原理

冲击性能试验是在冲击负荷的作用下测定材料的冲击强度。在试验中,对聚合物试样施加一次冲击负荷使试样破坏,记录下试样破坏时或过程中试样单位截面积所吸收的能量,即得到冲击强度。由于聚合物的制备方法和本身结构的不同,它们的冲击强度也各不相同。在工程应用上,冲击强度是一项重要的性能指标,通过抗冲击试验,可以评价聚合物在高速冲击状态下抵抗冲击的能力或判断聚合物的脆性和韧性程度。

冲击试验的方法很多,根据实验温度可分为常温冲击、低温冲击和高温冲击三种,依据试样的受力状态,可分为摆锤式弯曲冲击(包括简支梁冲击 GB1043 和悬臂梁冲击 GB1843)、拉伸冲击、扭转冲击和剪切冲击;依据采用的能量和冲击次数,可分为大能量的一次冲击(简称一次冲击试验或落锤冲击实验 GB11548)和小能量的多次冲击实验(简称多次冲击实验)。不同材料或不同用途可选择不同的冲击试验方法,由于各种试验方法中试样受力形式和冲击物的几何形状不一样,不同的试验方法所测得的冲击强度结果不能相互比较。

摆锤式弯曲冲击试验方法由于比较简单易行,在控制产品质量和比较制品韧性时是一种经常使用的测试方法。这里介绍摆锤式弯曲冲击(简支梁冲击和悬臂梁冲击)试验机的工作原理,如图 35-1:

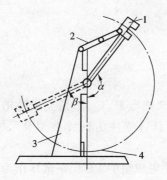

图 35-1 摆锤式冲击试验机的工作原理
1—摆锤;2—扬臂;3—机架;4—试样

试验时摆锤挂在机架的扬臂上,摆锤杆的中心线与通过摆锤杆轴中心的铅垂线成一角

度为 α 的扬角,此时摆锤具有一定的位能;然后让摆锤自由落下,在它摆到最低点的瞬间其位能转变为动能;随着试样断裂成两部分,消耗了摆锤的冲击能并使其大大减速;摆锤的剩余能量使摆锤继续升高至一定高度,β 为其升角。如以 W 表示摆锤的质量,l 为摆锤杆的长度,则摆锤的初始功 A_0 为:

$$A_0 = Wl(1-\cos\alpha) \quad (35-1)$$

若考虑冲断试样时克服的空气阻力和试样断裂而飞出时所消耗的功,根据能量守恒定律,可用式(35-2)表示:

$$A_0 = Wl(1+\cos\beta) + A + A_\alpha + A_\beta + \frac{1}{2}mv^2 \quad (35-2)$$

通常,式(35-2)后三项都忽略不计,则可简单地把试样断裂时所消耗的功表示为:

$$A_0 = Wl(\cos\beta - \cos\alpha) \quad (35-3)$$

式中除 β 角外均为已知数,因此,根据摆锤冲断试样后的升角 β 的数值即可从读数盘直接读取冲断试样时所消耗功的数值。

简支梁冲击试验是使用已知能量的摆锤一次性冲击支承成水平梁的试样并使之破坏,冲击线应位于两支座(试样)的正中间,被测试样若为缺口试样,则冲击线应正对缺口(参考图 35-2);悬臂梁冲击试验则由已知能量的摆锤一次性冲击垂直固定成悬臂梁的试样的自由端,摆锤的冲击线与试样的夹具和试样缺口的中心线相隔一定距离(参考图 35-3)。根据摆锤的冲击前初始能量与冲击后摆锤的剩余能量之差,确定试样在破坏时所吸收的冲击能量,冲击能量除以冲击截面积,就得到试样的单位截面积所吸收的冲击能量,即冲击强度。

通常,冲击性能试验对聚合物的缺陷很敏感,而且影响因素也很多,聚合物的冲击强度常受到实验温度、环境湿度、冲击速度、试样几何尺寸,缺口半径以及缺口加工方法、试样夹持力等影响,因此冲击性能测试是一种操作简单而影响因素较复杂的实验,在实验过程中不可忽视上述各有关因素的影响,一般应在试验方法规定的条件下进行冲击性能的测定。

三、仪器与样品

1. 实验仪器

(1) 简支梁冲击试验机　其基本构造有三部分,即机架部分、摆锤冲击部分和指示系统部分组成;

(2) 悬臂梁冲击试验机;

(3) 游标卡尺。

2. 试样

试样材料可采用 PP、PE、PS、硬质 PVC 等;简支梁冲击试样类型及尺寸和缺口类型与尺寸参照 GB/T1043—93 执行;悬臂梁冲击试样类型及尺寸和缺口类型与尺寸参照 GB/T1843—1996 执行。

本次实验采用多型腔模具注射成型的 PP 长条试样作为无缺口试样,在 PP 长条试样厚度方向上用机械加工方法铣出缺口作为缺口冲击试样。每组试样不少于 5 个。试样要求表面平整,无气泡、裂纹、分层、伤痕等缺陷。

四、准备工作

(1) 试样的制备和外观检查，按 GB1043—93 规定进行；试样的状态调节和实验环境按 GB2918 规定执行。

(2) 试样编号，对于无缺口试样，分别测量试样中部边缘和试样端部中心位置的宽度和厚度，并取其平均值为试样的宽度和厚度，准确至 0.02mm；缺口试样应测量缺口处的剩余厚度，测量时应在缺口两端各测一次，取其算术平均值。

(3) 熟悉冲击试验机，检查机座是否水平。

(4) 检查冲击试验机是否有规定的冲击速度，并根据试样破坏时所需的能量选择试验机摆锤，使消耗的能量在摆锤总能量的 10%～85% 内。若符合这一能量范围的不止一个摆锤时，应该用最大能量的摆锤。

(5) 调节能量度盘指针零点，使它在摆锤处于起始位置时与主动针接触。进行空白实验，保证总摩擦损失不超过摆锤冲击试验机特性参数的规定，否则进行冲击试验机的校准。

五、实验步骤

1. 简支梁冲击试验

(1) 根据试样尺寸，进行试验机样条跨度 L 的调节，跨度数值根据试样类型进行选择，参照 GB1043—1993 执行。

(2) 抬起并锁住摆锤，将试样按规定放置在两块撑块上，将面紧贴在直角支座的垂直面上，使冲击刀刃对准试样中心，缺口试样刀刃对准缺口背向的中心位置，如图 35-2 所示。

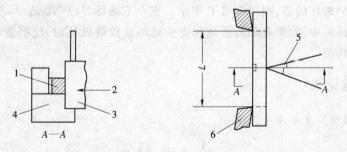

图 35-2　简支梁冲击实验中冲击刀刃、试样和支座的相互关系
1—试样；2—冲击方向；3—冲击瞬间摆锤位置；
4—下支座；5—冲击刀刃；6—支撑块

(3) 将指针拨至满量程位置。

(4) 扳动手柄抓钩，平稳释放摆锤，从能量度盘上读取试样吸收的冲击能量并记录。

(5) 试样可能会有三种破坏类型，完全破坏（指经过一次冲击使试样分成两段或几段）；部分破坏（指一种不完全破坏，即无缺口试样或缺口试样的横断面至少断开 90% 的破坏）；无破坏（指一种不完全破坏，即无缺口试样或缺口试样的横断面断开部分小于 90% 的破坏）。对于同种材料，如果可以观察到一种以上的破坏类型，须在报告中标明其破坏类型。试样无破坏的应不取冲击值,实验记录为不破坏或 NB;试样完全破坏或部分破坏的可以取值,计算平均冲击值,并记录部分破坏试样的破坏百分数。不同破坏类型的结果不能进行比较。

2. 悬臂梁冲击试验

(1) 按准备工作要求进行完试样测量和冲击试验机的检查之后,抬起并锁住摆锤,把试样放在虎钳中,按图 35-3 所示夹住试样(也称正置试样冲击);测定缺口试样时,缺口应在摆锤冲击刃的一边。

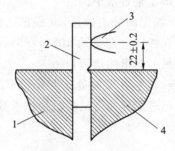

图 35-3 虎钳支座、缺口试样及冲刃位置图(单位 mm)
1—虎钳固定夹具;2—试样;3—冲击刃;4—虎钳可动夹具

(2) 释放摆锤,记录试样所吸收的冲击能,并对其摩擦损失等进行修正。

(3) 试样可能会有四种破坏类型,完全破坏(试样断裂成两段或多段)、铰链破坏(断裂的试样由没有刚性的很薄表皮连在一起的一种不完全破坏)、部分破坏(除铰链破坏以外的不完全破坏)、无破坏(指试样未破坏,只产生弯曲变形并有应力发白现象的产生)。测得的完全破坏和铰链破坏的值用以计算平均值。在部分破坏时,如果要求部分破坏的值,则以字母 P 表示。完全不破坏时以 NB 表示,不报告数值。

(4) 在同一样品中,如果有部分破坏和完全破坏或铰链破坏时,应报告每种破坏类型的算术平均值。

六、数据处理与记录

1. 无缺口试样简支梁冲击强度 α

$$\alpha = \frac{A}{b \cdot d} \times 10^3 \, (\text{kJ/m}^2) \tag{35-4}$$

式中 A——试样吸收的冲击能量,J;
b——试样宽度,mm;
d——试样厚度,mm。

2. 缺口试样简支梁冲击强度 α_k

$$\alpha_k = \frac{A_k}{b \cdot d_k} \times 10^3 \, (\text{kJ/m}^2) \tag{35-5}$$

式中 A_k——缺口试样吸收的冲击能量,J;
b——试样宽度,mm;

d_k——缺口试样缺口处剩余厚度,mm。

3. 无缺口试样悬臂梁冲击强度 α_{iu}

$$\alpha_{iu} = \frac{W_{iu}}{b \cdot h} \times 10^3 \, (\text{kJ/m}^2) \tag{35-6}$$

式中 W_{iu}——破坏试样所吸收并经过修正后的能量,J;
 b——试样宽度,mm;
 h——试样厚度,mm。

4. 缺口试样悬臂梁冲击强度 α_{iN}

$$\alpha_{iN} = \frac{W_{iN}}{b_N \cdot h} \times 10^3 \tag{35-4}$$

式中 W_{iN}——破坏试样所吸收并经修正后的能量,J;
 b_N——试样缺口处剩余宽度,mm;
 h——试样厚度,mm。

七、注意事项

(1) 摆锤举起后,人体各部分都不要伸到重锤下面及摆锤起始处,冲击实验时注意避免样条碎块伤人。
(2) 扳手柄时,用力适当,切忌过猛。

实验 35 实验记录及报告

聚合物冲击性能测试

班　级：_____　姓　名：_____　学　号：_____

同组实验者：_____ _____ _____　实验日期：_____

指导教师签字：_____　评　分：_____

（实验过程中，认真记录并填写本实验数据，实验结束后，送交指导教师签字）

一、实验数据记录

(1) 试样原材料名称：_____；
(2) 试样制备方法：_____；
(3) 试样类型：_____；
(4) 试样尺寸：_____；
(5) 试样的取样方向：_____；
(6) 有无缺口：_____；
(7) 缺口类型：_____；
(8) 试样缺口加工方法：_____；
(9) 摆锤公称能量：_____；
(10) 冲击方向（悬臂梁）：_____；
(11) 试验温度：_____℃；
(12) 试验湿度：_____％；
(13) 仪器型号：_____。

二、数据处理

1. 简支梁冲击试验

项目 \ 试样	无缺口试样				
	1	2	3	4	5
试样宽度 b(mm)					
试样厚度 d(mm)					
试样吸收冲击能量 A(J)					
冲击强度 α(kJ/m^2)					
冲击强度 α 平均(kJ/m^2)					
项目 \ 试样	缺口试样				
	1	2	3	4	5
试样宽度 b(mm)					
试样缺口处剩余厚度 d_k(mm)					
试样吸收冲击能量 A_k(J)					
梁冲击强度 α_k(kJ/m^2)					
冲击强度 α_k 平均值(kJ/m^2)					

2. 悬臂梁冲击试验

项目 \ 试样	无缺口试样				
	1	2	3	4	5
试样宽度 b(mm)					
试样厚度 h(mm)					
试样吸收冲击能量 W_{iu}(J)					
冲击强度 α_{iu}(kJ/m^2)					
冲击强度 α_{iu} 平均值(kJ/m^2)					
项目 \ 试样	缺口试样				
	1	2	3	4	5
试样缺口处剩余宽度 b_N(mm)					
试样厚度 h(mm)					
试样吸收冲击能量 W_{iN}(J)					
冲击强度 α_{iN}(kJ/m^2)					
冲击强度 α_{iN} 平均值(kJ/m^2)					

三、回答问题及讨论

1. 在试验中哪些因素会影响测定结果?

2. 缺口试样与无缺口试样的冲击试验现象有何不同?哪些试样材料应采用缺口试样或有无缺口两种试样都应测试?

3. 在悬臂梁和简支梁冲击试验时,试样受到的作用力有何区别?

第四部分

综合和设计实验

实验 36-1

甲基丙烯酸甲酯聚合物的综合实验
——单体甲基丙烯酸甲酯精制

一、实验目的

(1) 了解甲基丙烯酸甲酯单体的贮存和精制方法；
(2) 掌握甲基丙烯酸甲酯减压蒸馏的方法。

二、实验原理

甲基丙烯酸甲酯为无色透明液体，常压下沸点为 100.3℃~100.6℃。

为了防止甲基丙烯酸甲酯在贮存时发生自聚，通常加入适量的阻聚剂对苯二酚，在聚合前需将其除去。对苯二酚可与氢氧化钠反应，生成溶于水的对苯二酚钠盐，再通过水洗即可除去大部分的阻聚剂。

水洗后的甲基丙烯酸甲酯还需进一步蒸馏精制。由于甲基丙烯酸甲酯沸点较高，加之本身活性较大，如果采用常压蒸馏会因强烈加热而发生聚合或其他副反应。减压蒸馏可降低化合物的沸点温度。单体的精制常采用减压蒸馏。

由于液体表面分子逸出体系所需的能量随外界压力的降低而降低，因此降低外界压力便可以降低液体的沸点。沸点与真空度之间的关系可近似用下式表示：

$$\lg p = A + \frac{B}{T}$$

式中，p 为真空度；T 为液体的沸点；A 和 B 都是常数，可通过测定两个不同外界压力时的沸点求出。

甲基丙烯酸甲酯沸点与压力关系，如表 36-1 所示。

36-1 甲基丙烯酸甲酯沸点与压力关系

沸点(℃)	10	20	30	40	50	60	70	80	90	100
压力(mmHg)	24	35	53	81	124	189	279	397	543	760

注：1mmHg=133Pa

三、主要仪器和试剂

1. 实验仪器

实验装置如图 36-1，其中包括 250mL 三口烧瓶一个，毛细管（自制），刺型分馏柱，直形冷凝管，0℃~250℃温度计两根，250mL 圆底烧瓶两个。

2. 实验试剂

甲基丙烯酸甲酯，氢氧化钠，无水硫酸钠。

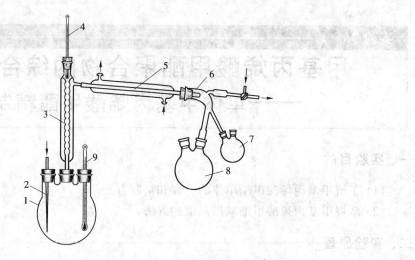

图 36-1 减压蒸馏装置
1—蒸馏瓶；2—毛细管；3—刺型分馏柱；4—温度计；5—直形冷凝管；
6—分流头；7—前馏分接收瓶；8—接收瓶；9—温度计

四、实验步骤

（1）在 500mL 分液漏斗中加入 250mL 甲基丙烯酸甲酯单体，用 5% 氢氧化钠溶液洗涤数次至无色（每次用量 40~50mL），然后用去离子水洗至中性，用无水硫酸钠干燥一周。

（2）按图 36-1 安装减压蒸馏装置，并与真空体系、高纯氮体系连接。要求整个体系密闭。开动真空泵抽真空，并用煤气灯烘烤三口烧瓶、分馏柱、冷凝管、接受瓶等玻璃仪器，尽量除去系统中的空气，然后关闭抽真空活塞和压力计活塞，通入高纯氮至正压。待冷却后，再抽真空、烘烤、反复三次。

（3）将干燥好的甲基丙烯酸甲酯加入减压蒸馏装置，加热并开始抽真空，控制体系压力为 100mmHg（1mmHg=133Pa）进行减压蒸馏，收集 46℃ 的馏分。由于甲基丙烯酸甲酯沸点与真空度密切相关，所以对体系真空度的控制要仔细，使体系真空度在蒸馏过程中保证稳定，避免因真空度变化而形成暴沸，将杂质夹带进蒸好的甲基丙烯酸甲酯中。

（4）精制好的单体要在高纯氮的保护下密封后放入冰箱中保存待用。

实验 36-1　实验记录及报告

甲基丙烯酸甲酯聚合物的综合实验
——单体甲基丙烯酸甲酯精制

班　级：_____　　姓　名：_____　　学　号：_____

同组实验者：_____　_____　　　实验日期：_____

指导教师签字：_____　　　　　　　　　评　分：_____

（实验过程中，认真记录并填写本实验数据，实验结束后，送交指导教师签字）

一、实验数据记录
　　甲基丙烯酸甲酯用量：_____ mL；
　　蒸馏温度：_____ ℃；
　　压力：_____ Pa；
　　精制后甲基丙烯酸甲酯用量：_____ mL；
　　产率：_____ %。

二、实验过程记录

三、讨论与问题

（1）单体甲基丙烯酸甲酯为何在聚合前需要进行精制？为什么采用减压蒸馏的方法？

（2）单体甲基丙烯酸甲酯中的阻聚剂一般是何种物质？其作用是什么？如何在聚合前除去？

实验 36-2
甲基丙烯酸甲酯聚合物的综合实验
——偶氮二异丁腈的精制

一、实验目的

(1) 了解偶氮二异丁腈的基本性质和保存方法；
(2) 掌握偶氮二异丁腈的精制方法。

二、实验原理

偶氮二异丁腈（AIBN）是一种广泛应用的引发剂，为白色结晶，熔点 102℃～104℃，有毒！溶于乙醇、乙醚、甲苯和苯胺等，易燃。

偶氮二异丁腈是一种有机化合物，可采用常规的重结晶方法进行精制。

三、主要仪器和试剂

实验仪器：
500ml 锥形瓶，恒温水浴，0℃～100℃温度计，布氏漏斗。

实验试剂：
偶氮二异丁腈（AR），乙醇（AR）。

四、实验步骤

(1) 在 500mL 锥形瓶中加入 200mL 95%的乙醇，然后在 80℃水浴中加热至乙醇将近沸腾。迅速加入 20g 偶氮二异丁腈，摇荡使其溶解。
(2) 溶液趁热抽滤，滤液冷却后，即产生白色结晶。若冷却至室温仍无结晶产生，可将锥形瓶置于冰水浴中冷却片刻，即会产生结晶。
(3) 结晶出现后静置 30min，用布氏漏斗抽滤。滤饼摊开于表面皿中，自然干燥至少 24h，然后置于真空干燥箱中常温干燥 24h。称量，计算产率。
(4) 精制后的偶氮二异丁腈置于棕色瓶中密封，低温保存备用。

实验 36-2 实验记录及报告

甲基丙烯酸甲酯聚合物的综合实验
——偶氮二异丁腈的精制

班　级：_____　姓　名：_____　学　号：_____

同组实验者：_____ _____　　实验日期：_____

指导教师签字：_____　　　　评　分：_____

（实验过程中，认真记录并填写本实验数据，实验结束后，送交指导教师签字）

一、实验数据记录

　　未精制偶氮二异丁腈量：_____ g；

　　精制温度：_____ ℃；

　　精制后偶氮二异丁腈量：_____ g；

　　乙醇用量：_____ g；

　　产率：_____ %。

二、实验过程记录

三、讨论与问题

（1）偶氮二异丁腈常作为何种聚合反应的引发剂？其常规分解温度是多少？分解反应式如何表达？

（2）精制后的偶氮二异丁腈为何要贮存在棕色瓶中？

实验 36-3

甲基丙烯酸甲酯聚合物的综合实验
——本体聚合及成型

一、实验目的

（1）了解本体聚合的原理；
（2）掌握有机玻璃板材的制备方法。

二、实验原理

本体聚合是不加其他物质，只有单体本身在引发剂或催化剂、热、光作用下进行的聚合。本体聚合具有合成工序简单，可直接形成制品且产物纯度高的优点。本体聚合的不足是随着聚合的进行，转化率提高，体系粘度增大，聚合热难以散发，同时长链自由基末端被包裹，扩散困难，自由基双基终止速率大大降低，致使聚合速率急剧增大而出现自动加速现象，短时间内产生更多的热量，从而引起相对分子质量分布不均，影响产品性能，更为严重的则引起爆聚。因此，本体聚合一般采用分段法聚合。

聚甲基丙烯酸甲酯具有优良的光学性能，密度小，机械性能好和耐候性好，在航空、光学仪器、电器工业、日用品等方面有着广泛的用途。为保证光学性能，聚甲基丙烯酸甲酯多采用本体聚合法合成。

甲基丙烯酸甲酯的本体聚合是按自由基聚合反应历程进行的，其活性中心为自由基。反应包括链引发、链增长、链转移和链终止，其聚合及成型的具体实验步骤，以及完成实验后的实验报告均参照实验 03 进行。

实验 36-4

甲基丙烯酸甲酯聚合物的综合实验
——粘度法测定相对分子质量

一、实验目的

(1) 掌握毛细管粘度计测定高分子溶液相对分子质量的原理;
(2) 学会使用粘度法测定聚甲基丙烯酸甲酯的特性粘度;
(3) 通过特性粘数计算聚甲基丙烯酸甲酯的相对分子质量。

二、实验原理

高分子稀溶液的粘度主要反映了液体分子之间因流动或相对运动所产生的内摩擦阻力。内摩擦阻力越大,表现出来的粘度就越大,且与高分子的结构、溶液浓度、溶剂的性质、温度以及压力等因素有关。用粘度法测定高分子溶液相对分子质量,关键在于"η"的求得,最为方便的是用毛细管粘度计测定溶液的相对粘度。常用的粘度计为乌氏(Ubbelchde)粘度计,其特点是溶液的体积对测量没有影响,所以可以在粘度计内采取逐步稀释的方法得到不同浓度的溶液。其具体实验步骤,以及完成实验操作后的实验报告要求等,均参照实验 13 进行。

实验 36-5

甲基丙烯酸甲酯聚合物的综合实验
——温度-形变曲线的测定

一、实验目的

(1) 通过聚甲基丙烯酸甲酯温度-形变曲线的测定,了解所合成聚合物在受力情况下的形变特征;

(2) 掌握温度-形变曲线的测定方法及玻璃化转变温度 T_g 的求取。

二、实验原理

当线形非结晶性聚合物在等速升温的条件下,受到恒定的外力作用时,在不同的温度范围内表现出不同的力学行为。这是高分子链在运动单元上的宏观表现,处于不同力学行为的聚合物因为提供的形变单元不同,其形变行为也不同。对于同一种聚合物材料,由于相对分子质量不同,它们的温度-形变曲线也是不同的。随着聚合物相对分子质量的增加,曲线向高温方向移动。

温度-形变曲线的测定同样也受到各种操作因素的影响,主要是升温速率、载荷大小及样品尺寸。一般来说,升温速率增大,T_g 向高温方向移动。这是因为力学状态的转变不是热力学的相变过程,而且升温速率的变化是运动松弛所决定的,而增加载荷有利于运动过程的进行,因此 T_g 会降低。

温度-形变曲线的形态及各区域的大小与聚合物的结构及实验条件有密切关系,测定聚合物温度-形变曲线对估计聚合物使用温度的范围,制定成型工艺条件,估计相对分子质量的大小,配合高分子材料结构研究有很重要的意义。具体实验原理及实验步骤参见实验 20 进行。

实验 37-1
丙烯酸酯乳液压敏胶制备的综合实验
——过硫酸胺的精制

一、实验目的

1. 学习与掌握乳液聚合引发剂的精制和保存方法；
2. 纯化过硫酸胺，计算纯化产率。

二、实验原理

为了控制聚合反应速度和聚合物的相对分子质量，必须准确地计算引发剂的用量。由于引发剂的性质比较活泼，在储运中易发生氧化、潮解等反应，对其纯度影响很大，因此聚合前要对使用的引发剂进行提纯。

丙烯酸酯乳液压敏胶多使用过硫酸盐作引发剂，本实验采用过硫酸胺。过硫酸铵由浓硫酸铵溶液电解后结晶而制得。过硫酸胺为无色单斜晶体，有时略带浅绿色，密度为1.982g/cm³。过硫酸胺比过硫酸钾更易溶于水，在120℃下分解。由于过硫酸离子的存在，过硫酸胺具有强氧化性，也常常与还原剂如亚硫酸氢钠等组成氧化还原引发体系用于低温或常温乳液聚合。

过硫酸胺中的主要杂质是硫酸氢铵和硫酸铵，可用少量的水反复重结晶进行精制。

三、主要仪器和试剂

500mL 锥形瓶一个，恒温水浴一套，0℃～100℃温度计一支，布氏漏斗一个，抽滤瓶一个。

过硫酸胺(分析纯)，$BaCl_2$ 溶液，去离子水。

四、实验步骤

(1) 在500mL锥形瓶中加入200mL去离子水，然后在40℃水浴中加热15min，使锥形瓶内水达到40℃；
(2) 迅速加入20g过硫酸胺，如果很快溶解，可以适当再补加过硫酸胺直至形成饱和溶液；
(3) 溶液趁热用布氏漏斗过滤，滤液用冰水浴冷却即产生白色结晶（也可置于冰箱冷藏室使结晶更完全），过滤出结晶，并以冰水洗涤，用 $BaCl_2$ 溶液检验滤液自至无 SO_4^{2-} 为止。
(4) 将白色晶体置于真空干燥器中干燥，称重，计算产率。将精制过的过硫酸胺放在棕色瓶中低温保存备用。

实验 37-1 实验记录及报告

丙烯酸酯乳液压敏胶制备的综合实验
——过硫酸胺的精制

班　级：_____　姓　名：_____　学　号：_____

同组实验者：_____ _____ _____　实验日期：_____

指导教师签字：_____　　　　　　　　　评　分：_____

（实验过程中，认真记录并填写本实验数据，实验结束后，送交指导教师签字）

一、实验数据记录
(1) 过硫酸胺：纯化前_____g；纯化后_____g；
(2) 产率：_____％。

二、实验过程记录

三、问题与讨论
(1) 聚合反应为什么要对引发剂进行精制处理？

(2) 过硫酸铵重结晶纯化时,是否可以在高温下,如在 80 ℃时溶解? 为什么?

实验 37-2
丙烯酸酯乳液压敏胶制备的综合实验
——单体丙烯酸丁酯的精制

一、实验目的

(1) 了解掌握丙烯酸丁酯单体精制的原理和方法；
(2) 学习减压蒸馏精制单体的实验操作。

二、实验原理

在聚合反应中，特别是实验室研究时，单体的纯度非常重要，有时即使是很少量的杂质也会大大影响聚合反应进程和产物的质量，因此，反应前单体的纯化是十分重要的。

大部分烯类单体如甲基丙烯酸丁酯、苯乙烯等在热和光的作用下容易发生自聚反应，因此在存储和运输过程中需要加入少量的阻聚剂。阻聚剂可以是酚类、胺类或者硝基化合物等。阻聚剂具有一定的挥发性，但如果单纯采用蒸馏的办法，很难将它们清除干净，常会有少部分阻聚剂随着单体蒸馏混入新蒸的单体中。通常采用先碱洗或酸洗将阻聚剂去除，然后分离单体相，干燥后再进行单体蒸馏纯化。

本实验所制备的压敏胶单体包括三种：丙烯酸丁酯、丙烯酸、丙烯酸羟丙酯。其中后两种单体的用量只占单体总量的很少部分(3%，见综合实验 37-3)，带入的阻聚剂量极少，又考虑到工业生产时常常并不需要对单体进行精制，所以，这里仅以丙烯酸丁酯为例进行精制。

丙烯酸丁酯为无色透明的液体，常压下沸点为 145℃。为了防止丙烯酸丁酯在贮运时发生自聚，会加入对苯二酚作为阻聚剂。对苯二酚可以与氢氧化钠反应，生成溶于水的对苯二酚钠盐，再通过水洗就可以去除。

$$\text{对苯二酚} + NaOH \longrightarrow \text{对苯二酚钠盐} + H_2O$$

水洗干燥后的丙烯酸丁酯还要进一步的蒸馏精制，由于丙烯酸丁酯的沸点较高，而且单体活性大，如果采用常压蒸馏会由于温度过高而产生聚合反应，所以需要通过减压蒸馏降低化合物的沸点温度。

本实验学习丙烯酸丁酯单体碱洗—干燥—减压蒸馏的精制方法。

三、主要仪器和试剂

500mL 分液漏斗 1 个、500mL 试剂瓶 2 个、500mL 烧杯 2 个、500mL 三口瓶 1 个，毛细管(自制，也可事先准备好) 1 根，刺型分馏柱 1 根，0℃~100℃ 温度计 2 支，接收瓶(50mL 和

500mL 各一),恒温水浴一套,真空系统一套,玻璃棒。

丙烯酸丁酯,氢氧化钠,无水硫酸钠,去离子水。

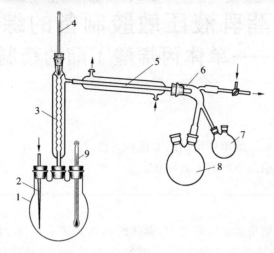

图 37-1 丙烯酸丁酯减压蒸馏装置
1—蒸馏瓶;2—毛细管;3—刺型分馏柱;4—温度计;5—冷凝管;
6—分馏器尾接收器;7—前馏分接收瓶;8—接收瓶;9—温度计

四、实验步骤

(1) 实验准备。

①配置5%NaOH溶液:在500mL烧杯中加入10.5g氢氧化钠,并加入200mL去离子水,用玻璃棒搅拌溶解,并冷却至室温备用;

②丙烯酸丁酯的碱洗和干燥:在500mL分液漏斗中加入250mL丙烯酸丁酯单体,用预先配好的5%氢氧化钠溶液洗涤3~4次至无色(每次用量约40~50mL)。然后用去离子水洗至中性,放入试剂瓶中并加入硫酸钠适量,干燥3天以上;

(2) 按图 37-1 所示安装蒸馏装置,并与真空体系、高纯氮体系连接。

(3) 将干燥好的丙烯酸丁酯单体过滤去除干燥剂后加入三口烧瓶中,加热开始抽真空,控制体系的压力为30mmHg,收集64℃的馏分。由于单体的沸点与真空度密切相关,所以真空度的控制要仔细,使体系真空度在蒸馏过程中保证稳定。馏分流出速度控制在1~2滴/秒为宜。

(4) 精制好的丙烯酸丁酯单体密封后放入冰箱保存待用。

实验 37－2 实验记录及报告

丙烯酸酯乳液压敏胶制备的综合实验
——单体丙烯酸丁酯的精制

班　级：_____　姓　名：_____　学　号：_____

同组实验者：_____ _____ _____　实验日期：_____

指导教师签字：_____　　　　　　　评　分：_____

（实验过程中，认真记录并填写本实验数据，实验结束后，送交指导教师签字）

一、实验数据记录
　　(1) 氢氧化钠：_____ g；去离子水：_____ g；
　　(2) 丙烯酸丁酯：_____ mL；
　　(3) 减压蒸馏：收集馏分的温度_____ ℃；
　　　　　　　　　收集馏分的压力：_____ Pa；
　　　　　　　　　馏分量：_____ mL。

二、实验过程记录

三、回答讨论与问题
　　(1) 为什么要对单体进行精制？

(2) 减压蒸馏时如果真空度比较高，馏出温度如何？此时会出现什么问题？

实验 37-3

丙烯酸酯乳液压敏胶制备的综合实验
——乳液压敏胶的制备

一、实验目的

(1) 了解乳液聚合的基本原理和组成；
(2) 了解乳液型压敏胶的制备方法和配方设计原理。

二、实验原理

压敏胶是无需借助于溶剂或热，只需施以一定压力就能将被粘物粘牢，得到实用粘结强度的一类胶粘剂。其中乳液压敏胶粘剂在我国压敏胶粘剂工业中占有相当重要的地位，约占压敏胶粘剂总产量的80%，占全部丙烯酸酯乳液的60%。乳液压敏胶被广泛用于制作包装胶粘带、文具胶粘带、商标纸、电子、医疗卫生等领域。本实验学习利用乳液聚合方法制备丙烯酸酯乳液压敏胶。

压敏胶乳液的基本配方组成与常规乳液一样，包括单体、水溶性引发剂、乳化剂和水。其中单体和乳化剂的选择是最为重要的。

影响乳液压敏胶力学性能的主要因素之一就是胶粘剂中共聚物的玻璃化温度 T_g。压敏胶的玻璃化温度一般应保持在 $-20℃\sim-60℃$ 的范围比较合适，当然不同使用目的的压敏胶配方体系有不同的最佳 T_g 值。玻璃化温度的调节可以通过选择具有很低的玻璃化温度的软单体与较高玻璃化温度的硬单体按一定比例共聚，这样可在保持一定内聚力的前提下有很好的初粘性和持粘性。硬单体包括苯乙烯、甲基丙烯酸甲酯、丙烯腈等，软单体包括丙烯酸丁酯、丙烯酸异辛酯、丙烯酸乙酯等。使用多种单体进行共聚时，共聚物的玻璃化温度 T_g 可以用下式来近似计算：

$$\frac{1}{T_g} = \sum_{i=1}^{n} \frac{w_i}{T_{g,i}}$$

式中 T_g——共聚物的玻璃化温度；

w_i——共聚组分 i 的质量分数；

$T_{g,i}$——共聚单体 i 均聚物的玻璃化温度；

为了提高压敏胶的性能，单体配方中往往还需要加入其他的功能性单体，如丙烯酸、丙烯酸羟乙酯、丙烯酸羟丙酯、N-羟基丙烯酰胺、二丙烯酸乙二醇酯等。以丙烯酸为例，丙烯酸的加入可以提高乳液的稳定性(包括乳液聚合稳定性和乳液的储存稳定性)，并且提供可以与羟基交联的功能团—COOH，而压敏胶的适度交联可以提高胶的耐水性和粘接性。

乳化剂的选择也十分重要，它不但要使聚合反应平稳，同时也要使聚合反应产物具有良好的稳定性。可用于乳液聚合的乳化剂(又称表面活性剂)种类很多，有阴离子表面活性剂、阳离子表面活性剂、非离子表面活性剂、两性表面活性剂等。在聚合过程中，实验证明单独使用阴离子或非离子乳化剂均难以达到满意的效果。这是因为离子型乳化剂对 pH 值和离子非常敏感，如果单独使用离子型乳化剂，在聚合过程中很难控制乳液的稳定性。而单独使用非离子乳化剂，合成的乳液虽然离子稳定性好，对 pH 值要求不太严格，但产生的乳液粒子很大，在重力的作用下容易下沉，放置稳定性不好。采用复合乳化剂如阴离子和非离子乳化剂的复配就可以克服上述缺点合成稳定的乳液。另外，乳化剂的用量对乳液的稳定性有很大影响，当乳化剂用量少时乳液在聚合中稳定性差，容易发生破乳现象，随着乳化利用量的增加，乳液逐步趋向稳定。但乳化剂用量过高又会降低压敏胶的耐水性，而且施胶时泡沫过多，影响使用性能。

在实际应用时，一个完整乳液压敏胶配方中可能还要加入抗冻剂、消泡剂、防霉剂、色浆等等。

三、仪器和试剂

机械搅拌器一套，球形冷凝管一个，500mL 四口烧瓶一个、200mL 滴液漏斗一个，恒温水槽一套，温度计一支，固定夹若干，50mL 烧杯和 400mL 烧杯若干。

丙烯酸丁酯、丙烯酸、丙烯酸羟丙酯、十二烷基磺酸钠、OP-10、过硫酸胺、碳酸氢钠、氨水、去离子水。

准备试剂如表 37-1 所示。

37-1 乳液压敏胶配方表

试剂	用途	用量(g)
丙烯酸丁酯	单体	194
丙烯酸		4.0
丙烯酸羟丙酯		2.0
十二烷基硫酸钠	乳化剂	1.0
OP-10		1.0
过硫酸胺	引发剂	1.2
碳酸氢钠	缓冲剂	1.0
氨水	pH 调节剂	适量
去离子水	介质	170.0

四、实验步骤

（1）实验准备：

①单体称量：在 400mL 烧杯中依次称量丙烯酸羟丙酯 2.0g、丙烯酸 4.0g、丙烯酸丁酯 194g，用玻璃棒略搅拌均匀备用；

②乳化剂称量：以称量纸称量十二烷基硫酸钠 1.0g，在 50mL 烧杯称量 OP-10 重 1.0g 备用；

③引发剂称量：称量过硫酸胺 1.2g 于 50mL 烧杯中，并加入 10mL 水溶解；

④缓冲剂称量：以称量纸称量碳酸氢钠1.0g备用。
⑤去离子水：在一400mL烧杯中加入160g去离子水。
(2) 如图37-2准备好反应装置。

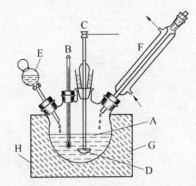

图 37-2 乳液聚合装置图
A—三口瓶；B—温度计；C—搅拌马达；D—搅拌器；
E—滴液漏斗；F—回流冷凝管；G—加热水浴；H—玻璃缸

(3) 在四口烧瓶内直接加入称量好的十二烷基硫酸钠和碳酸氢钠，同时将烧杯中的OP-10也加入烧瓶中，并在烧杯中加入适量称量好的去离子水（见步骤1中的⑤称量）冲洗，洗液也一并倒入烧瓶，将剩余的去离子水直接加入烧瓶，开启搅拌，水浴加热至78℃，搅拌溶解。

(4) 通过分液漏斗往烧瓶内先加入约1/10量的混合单体，搅拌2min，然后一次性加入33%～40%左右的过硫酸铵水溶液，反应开始。

(5) 至反应体系出现蓝光，表明乳液聚合反应开始启动，10min后再开始缓慢滴加剩余的混合单体，于两个小时内加完，在滴加单体过程中，同时逐步加入剩余的引发剂溶液（可以采用滴管滴加，每10min加入一次），也在两小时内加完。聚合过程保持反应温度在78℃。

(6) 单体和引发剂溶液滴加完毕后继续搅拌，保温78℃反应0.5h，然后升温到85℃再保温反应0.5h。

(7) 撤除恒温浴槽，继续搅拌冷却至室温。

(8) 将生成的乳液经纱布过滤倒出，并用氨水调节乳液的pH值至7.0～8.0。

实验 37-3 实验记录及报告

丙烯酸酯乳液压敏胶制备的综合实验
——乳液压敏胶的制备

班　级：_____　　姓　名：_____　　学　号：_____

同组实验者：_____　　实验日期：_____

指导教师签字：_____　　　　　　　　　评　分：_____

（实验过程中，认真记录并填写本实验数据，实验结束后，送交指导教师签字）

一、实验数据记录

乳液聚合试剂使用量

试　剂	质量(g)
丙烯酸羟丙酯	
丙烯酸	
丙烯酸丁酯	
十二烷基磺酸钠	
OP-10	
过硫酸胺	
碳酸氢钠	
去离子水	

二、问题与讨论

（1）为什么乳液聚合中多选用离子型乳化剂和非离子型乳化剂配合使用？

（2）如果在某一乳液压敏胶配方中使用苯乙烯、丙烯酸异辛酯、甲基丙烯酸、丙烯酸羟乙酯，你认为这些单体分别起到什么作用？

实验 37-4

丙烯酸酯乳液压敏胶制备的综合实验
——压敏胶性能测试

一、实验目的

了解与掌握乳液压敏胶性能的一般测试方法。

二、实验原理

根据使用方法和领域的不同,乳液压敏胶有不同的性能测试要求。但基本的性能可以大致分为两类:乳液性能和压敏胶力学性能。其中乳液性能是指乳液本身的一些基本性能,如:固体含量、pH 值、稀释稳定性、机械稳定性、粘度、pH 稳定性等等。而力学性能是从胶粘剂的使用来评价,包括:初粘性、持粘性、180°剥离强度等等。另外还包括施工性能、着色性能等等。

本实验学习乳液压敏胶性能的一些基本的测试方法。

三、主要仪器和试剂

广谱 pH 试纸,培养皿,烘箱,NDJ—79 型旋转式粘度计,CZY—G 型初粘性测试仪,钢板及固定架,WSM—20K 型万能材料实验机。

四、实验步骤

1. pH 值测定

以玻璃棒蘸取压敏胶乳液于广谱 pH 试纸上,与标准色卡对比,测定乳液 pH 值并记录。

2. 固含量测定

在培养皿(预先称重 m_0)中倒入 2g 左右的乳液并准确记录(m_1),与 105℃以上的烘箱内烘烤 2h,称量并计算干燥后的质量(m_2),测其固体百分含量:

$$固含量(质量\%) = \frac{干燥后的质量\ m_2}{乳液质量\ m_1} \times 100$$

3. 粘度测试

以 NDJ—79 型旋转式粘度计测试乳液粘度。选用×1 号转子,测试温度为 25℃。

4. 初粘性测定[①]

所谓初粘性是指物体与压敏胶粘带粘性面之间以微小压力发生短暂接触时,胶粘带对物体的粘附作用。

测试方法采用国家标准 GB4852—1984(斜面滚球法),仪器为 CZY—G 型初粘性测试仪,倾斜角为 30°,测试温度为 25℃。

5. 持粘性的测定[①]

所谓持粘性是指沿粘贴在被粘体上的压敏胶粘带长度方向悬挂一规定质量的砝码时，胶粘带抵抗位移的能力。一般用试片在实验板上移动一定距离的时间或者一定时间内移动的距离表示。

测试方法采用国家标准 GB4851—1998。将 25mm 宽胶带与不锈钢板相粘 25mm 长，下挂 500g 重物，在 25℃下，测试胶带脱离钢板的时间。

6. 180°剥离强度测定[①]

所谓 180°剥离强度是指用 180°剥离方法施加应力，使压敏胶粘带对被粘材料粘接处产生特定的破裂速率所需的力。

按国家标准 GB2793—1981 进行测试，用 WSM—20K 型万能材料实验机测试。

注：① 压敏胶力学性能的测试需要先将压敏胶乳液制成压敏胶带，压敏胶带的制备可以用专用的涂胶机。如果没有，也可以采用比较粗糙的方法进行简单的力学性能评价：将乳液直接倒在 BOPP（双轴拉伸聚丙烯）薄膜上，用玻璃棒涂匀，并在烘箱内干燥后再进行测试。

实验 37-4 实验记录及报告

丙烯酸酯乳液压敏胶制备的综合实验
——压敏胶性能测试

班　级：_____　姓　名：_____　学　号：_____

同组实验者：_____　实验日期：_____

指导教师签字：_____　　　　　　　评　分：_____

（实验过程中，认真记录并填写本实验数据，实验结束后，送交指导教师签字）

一、实验数据记录
(1) pH 值_____；
(2) 粘度_____ cP；
(3) m_0_____ g，m_1_____ g，m_2_____ g，
   固含量_____ 质量％；
(4) 初粘性测定：_____ cm；
(5) 持粘性：_____ cm；
(6) 剥离强度：_____ kN/m。

二、讨论
1. 影响压敏胶质量与性能的因素是什么？如何提高压敏胶的性能？

实验38 丙烯酸酯类乳胶漆制备的实验设计

一、实验目的

(1) 掌握自由基乳液聚合反应机理与技术，达到理论与实际应用相结合；
(2) 掌握聚合配方和聚合反应条件，在确定体系组成原理、作用、配方设计及用量等方面得到初步锻炼；
(3) 对聚合工艺条件的设置有所了解，进一步掌握聚合单体配比、聚合温度和反应时间等因素的确定方法。

二、实验原理

随着建筑业的发展和住宅业的兴起，乳胶漆广泛地用于室内装潢和高楼外墙的装饰。乳胶漆是一种水性涂料，以水作为分散介质，高聚物分子均匀地分散在水中形成稳定的乳液作为成膜物质，再加入颜填料(颜料和填料的简称)和各种功能性助剂，经分散研磨形成一种混合分散体系。其组成中有机溶剂含量低，只有2%~8%左右，是一种绿色环保型涂料。目前，乳胶漆的品种主要有聚醋酸乙烯乳胶漆、乙苯乳胶漆、苯丙乳胶漆、纯丙烯酸酯乳胶漆、叔碳酸酯乳胶漆等，近年来还出现高弹性和高耐候性的有机硅单体、有机氟单体改性丙烯酸乳胶漆。乳胶漆由乳液、颜填料、助剂和水四个部分组成。

1. 乳液

乳胶漆中的乳液决定了乳胶漆的附着力、耐水性、耐玷污性、耐老化性、成膜温度、储存稳定性等根本性能。随着涂料技术的发展进步，现在已经有多种性能不同、用途相异的乳液可供选择，如苯丙(苯乙烯/丙烯酸酯)、醋丙(醋酸乙烯酯/丙烯酸酯)、纯丙(纯丙烯酸酯)、硅丙(有机硅/丙烯酸酯)、弹性乳液等。乳液可以自行合成，也可以向有关厂家购买。选择合适的乳液生产乳胶漆是至关重要的。

制造乳胶漆的乳液是由多种单体经乳液聚合共聚而成的，共聚单体的选择将直接决定乳液乃至乳胶漆的性能。合成纯丙乳液时选择甲基丙烯酸甲酯、甲基丙烯酸丁酯、丙烯酸甲酯、丙烯酸丁酯、丙烯酸等单体作原料。在这些单体中，甲基丙烯酸甲酯主要为乳液提供必要的硬度和强度，耐大气性和耐洗刷性，甲基丙烯酸丁酯和丙烯酸丁酯，提供树脂的弹性、柔韧性、耐冲击性和涂膜的附着力。丙烯酸为分子结构提高亲水基团可增加涂膜与基材的附着力。

2. 颜填料

生产乳胶漆的颜填料有钛白粉(金红石型和锐钛型)，立德粉，重质碳酸钙，轻质碳酸钙，滑石粉，瓷土，云母粉，白炭黑，重晶石粉，沉淀硫酸钡，硅酸铝粉等。用于外墙乳胶漆的颜填料有金红石型钛白粉，重质碳酸钙，滑石粉，云母粉等，适用于内墙乳胶漆的颜填料有锐钛型钛白粉,立德粉,重质碳酸钙,轻质碳酸钙,滑石粉,瓷土,硅酸铝粉等。各种颜填料的密度是不同的,其性能差别也很大。如表38-1所示：

表38-1 各种颜填料的密度

颜填料名称	密度
金红石型钛白粉	4.2
锐钛型钛白粉	3.9
轻质钙	2.7
滑石粉	2.8
瓷土	2.6

颜填料的吸油量是乳胶漆的一个重要指标,在同样的稠度下,吸油量大的颜填料比吸油量小的颜填料要耗费较多的漆料,不同颜填料的颜色、遮盖力、着色力、粒度、晶型结构、表面电荷、极性等物理性能均不相同,也决定了其化学性能(耐化学品性、耐候性、耐光性、耐热性)的不同,因此合理选择颜填料的数量和品种在乳胶漆的生产中也很重要,它决定了乳胶漆分散性能的好坏、遮盖能力、耐老化性、外观状态、储存稳定性等各种性能。

3. 助剂

乳胶漆中使用的助剂有润湿剂、分散剂、增稠剂、消泡剂、成膜助剂、pH调节剂、防腐剂、防霉剂等。其中分散剂和增稠剂的使用尤为重要,早期的乳胶漆或者低成本涂料中用的分散剂多采用多聚磷酸盐类,如六偏磷酸钠,三聚磷酸钠,在高PVC低成本的乳胶漆中,选用聚丙烯酸盐和阴离子,非离子多官能团嵌段共聚物为分散剂。

增稠剂主要品种为纤维素衍生物类(HEC),聚丙烯酸酯乳液增稠剂(碱膨胀增稠剂)和缔合型增稠剂三大类,可分别使用,也可以相互合理搭配使用。颜填料体积浓度高时乳胶漆使用HEC和聚丙烯酸盐类为主,中低颜填料体积浓度的外墙乳胶漆中使用缔合型增稠剂为主。

乳胶漆的触变指数TI的高低是所用增稠剂效果的最好检测。流平性好的乳胶漆,其$TI<4$,流平性要求不高的乳胶漆,其TI可略高。实践证明,HEC增稠的乳胶漆增稠效率高,用量少,但流平性差,刷痕不容易除去。聚丙烯酸酯乳液使用便利,但是容易受到pH值影响。缔合型增稠剂性能优良,但价格比较贵。

特殊品种助剂具有显著作用:硅助剂可以明显改变乳胶漆的附着力,蜡助剂可以使乳胶漆呈现荷叶效果,氟碳助剂则极大的改变乳胶漆的附着力,防水性能和耐玷污性。

4. 水

乳胶漆所用水为去离子水,可由专用的脱离子水器生产,乳胶漆用水标准可以参照蒸汽锅炉用软水指标:总硬度<0.3mg(mol);而将自来水用于乳胶漆生产是不合适的,短时期内尚无明显变化,长期储存则极容易沉淀,并容易造成破乳。

三、主要试剂

实验试剂：

甲基丙烯酸甲酯，甲基丙烯酸丁酯，丙烯酸丁酯，丙烯酸甲酯，丙烯酸，去离子水，过硫酸铵，十二烷基磺酸钠，吐温—60，消泡剂。

四、实验设计

(一)纯丙烯酸酯乳液的合成

1. 目标产物

   乳白色的纯丙烯酸酯乳液。

2. 提示

   (1) 聚合机理及聚合方法：自由基聚合，乳液聚合；

   (2) 反应装置：常规乳液聚合装置。

3. 要求

   (1) 根据所需的目标产物，确定聚合配方、聚合机理及具体聚合方法；

   (2) 确定聚合装置及主要仪器，画出聚合装置简图；

   (3) 研究乳液聚合的动力学过程，确定影响乳液性能的因素，如：软、硬单体用量比例，乳化剂选择，引发剂用量等。

(二)纯丙乳胶漆的制备

1. 目标产物

   乳白色的纯丙烯酸酯乳胶漆的制备。

2. 提示

   (1) 制备方法：高速分散，砂磨混合；

   (2) 反应装置：高速分散机，砂磨机。

3. 要求

   (1) 根据所需的目标产物，确定具体操作工艺；

   (2) 确定制备装置及主要仪器；

   (3) 制定工艺流程，画出工艺流程框图；

   (4) 确定制备工艺条件，给出简要解释；

   (5) 研究影响乳胶漆性能的因素，如：乳液稳定性，成膜助剂和其他助剂的影响。

实验 39 高分子合金制备的实验设计

抗冲击性能差是聚氯乙烯（PVC）材料的性能缺陷之一，这使其应用领域受到很大限制。为提高 PVC 的抗冲击性能，使用抗冲击改性剂，例如本实验所采用的 MBS，以共混方式对其进行物理改性。

一、实验目的

1. 研究 MBS 用量对硬 PVC 抗冲击性能的影响。
2. 确定 MBS 的最佳用量。

二、实验原理

MBS 树脂是由甲基丙烯酸甲酯（M）、丁二烯（B）和苯乙烯（S）的三元接枝共聚而成，为白色粉末或颗粒。它的溶度参数为 $19.2 \sim 19.4 \ (J/cm^3)^{1/2}$ 与 PVC $9.4 \sim 19.8 \ (J/cm^3)^{1/2}$ 相近，故两者的热力学相容性较好。

MBS 是通过在有一定交联度的弹性胶乳微粒 SBR 表面接枝甲基丙烯酸甲酯（M）合成的。在 MBS 中 M 与 PVC 极性相近，使 MBS 分子与 PVC 分子有亲合性。但由于丁二烯（B）和苯乙烯（S）的存在，使 MBS 与 PVC 之间不能完全相容，这样 MBS 的分子可以在 PVC 基体中均匀分散成微胶区。当整个材料受到外力时由于 MBS 的弹性模量远小于 PVC，易于形变的胶球承担的载荷很小，塑料区进行同样的形变则要承受大得多的载荷。所以，在胶区与塑料相接的界面上产生应力集中。当应力强度达到产生银纹或剪切带需要的屈服应力时，在胶区外的塑料基体中产生分子链段的取向运动。胶区外的应力强度随微胶区体积增大而增大，较大的微胶区引发的局部屈服区也较大。当几个小微胶区之间距离较近时，各自导致的塑料相中的应力强度也会相叠加，从而起到同较大微胶区相似的结果。塑料的局部屈服过程需要外力作功，所以局部屈服的微区越多，每个屈服区的范围越大，消耗的冲击能就越高，材料的韧性就越好。

另外，由于 MBS 与 PVC 的界面结合力较大，材料受到外力时，微胶粒受三轴引力，微胶区内会产生蠕变，微胶区内会产生小的孔洞。孔洞形成后，会使其周围的应力强度变大。裂缝或银纹在塑料相扩展的路径上遇到较大的微胶区时，会使微胶区内发生形变，从而既降低了扩展速度，又使裂缝的尖端被钝化。在材料中，既产生银纹又产生剪切带时，两种不同的屈服形成会互相干扰、阻碍或终止。

综上所述，由于橡胶区的弹性模量较低，易于形变和蠕变，并且会在微胶区内出现孔洞，致使微胶区邻近的塑料相中局部屈服形变时受到的束缚较小，塑料的屈服应力较低，局部屈服容易形成，材料的韧性因而提高，冲击性能得到增强。

三、主要仪器和试剂

1. 实验仪器

(1) SK—160B 型开放式炼塑机:高分子共混设备;

(2) 250kN 电热平板机:高分子材料的成型加工设备;

(3) ZHY-W 万能制样机:高分子材料性能测试样品制备设备;

(4) 其他设备:天平,游标卡尺等。

2. 实验试剂

PVC 树脂(SW—1000),三盐基硫酸铅,二盐基硫酸铅,轻质碳酸钙,MBS。

四、实验设计

1. 目标产物

不同 MBS 含量的 PVC 合金。

2. 提示

(1) 制备方法:高分子加工,高分子共混;

(2) 共混设备:SK—160B 型开放式炼塑机,250kN 电热平板机,ZHY-W 万能制样机。

3. 要求

(1) 根据目标产物,确定制备不同 MBS 含量(5,10,20,30,40 质量%)及不同助剂用量的 PVC 合金样品配比;

(2) 确定不同设备的使用方法和实验条件;

(3) 确定工艺流程,画出工艺流程框图;

(4) 确定不同样品的制样设备和制样方法;

(5) 确定样品的性能测试设备、测试方法和测试条件;

(6) 对不同测试结果,进行数据处理,并做出合理的讨论和解释。

图书在版编目(CIP)数据

高分子科学实验/韩哲文主编．
上海：华东理工大学出版社，2005.2(2017.7重印)
ISBN 978—7—5628—1652—2

Ⅰ．高… Ⅱ．韩… Ⅲ．高聚物—科学实验—高等学校—教材 Ⅳ．O63-33

中国版本图书馆 CIP 数据核字(2005)第 001896 号

高分子科学实验

主　　编	/ 韩哲文
责任编辑	/ 徐知今
责任校对	/ 徐　群
出版发行	/ 华东理工大学出版社有限公司
	地　址：上海市梅陇路 130 号，200237
	电　话：(021)64250306(营销部)
	传　真：(021)64252707
	网　址：press.ecust.edu.cn
印　　刷	/ 江苏南通印刷总厂有限公司
开　　本	/ 787 mm×1092 mm　1/16
印　　张	/ 16.75
字　　数	/ 384 千字
版　　次	/ 2005 年 2 月第 1 版
印　　次	/ 2017 年 7 月第 8 次
书　　号	/ ISBN 978—7—5628—1652—2/O・127
定　　价	/ 28.00 元

联系我们：电子邮箱 press@ecust.edu.cn
官方微博 e.weibo.com/ecustpress
淘宝官网 http://shop61951206.taobao.com